조금씩 천천히 건강하게

채식의 시간

요리_ 이양지
스타일링_ 김지현, 이소정

1판 1쇄 발행_ 2013. 5. 30
1판 2쇄 발행_ 2013. 8. 19

발행처_ 김영사
발행인_ 박은주

등록번호_ 제406-2003-036호
등록일자_ 1979. 5. 17.

경기도 파주시 문발동 출판단지 515-1 우편번호 413-756
마케팅부 031) 955-3100, 편집부 031) 955-3250, 팩시밀리 031) 955-3111

값은 뒤표지에 있습니다.
ISBN 978-89-349-6325-7 13590

독자 의견 전화_ 031) 955-3200
홈페이지_ www.gimmyoung.com
이메일_ bestbook@gimmyoung.com

좋은 독자가 좋은 책을 만듭니다.
김영사는 독자 여러분의 의견에 항상 귀 기울이고 있습니다.

조금씩 천천히 건강하게

채식의 시간

조금씩 천천히 건강하게

채식의 시간

요리_ 이양지
스타일링_ 김지현, 이소정

1판 1쇄 인쇄_ 2013. 5. 24
1판 1쇄 발행_ 2013. 5. 30

발행처_ 김영사
발행인_ 박은주

등록번호_ 제406-2003-036호
등록일자_ 1979. 5. 17.

경기도 파주시 문발동 출판단지 515-1 우편번호 413-756
마케팅부 031) 955-3100, 편집부 031) 955-3250, 팩시밀리 031) 955-3111

값은 뒤표지에 있습니다.
ISBN 978-89-349-6325-7 13590

독자 의견 전화_ 031) 955-3200
홈페이지_ www.gimmyoung.com
이메일_ bestbook@gimmyoung.com

좋은 독자가 좋은 책을 만듭니다.
김영사는 독자 여러분의 의견에 항상 귀 기울이고 있습니다.

조금씩 천천히 건강하게

채식의 시간

자연요리전문가 **이양지**

김영사

나에게 맞는
채식 생활

자연 생태계의 한 부분을 차지하고 있는 인간이 자연과 동떨어진 생활을 하는 것 자체가 얼마나 부자연不自然스러운 것인가 하는 생각을 해를 거듭할수록 하게 됩니다. 그래서 많은 사람들이 꽃과 풀, 나무를 보기 위해 주말이면 시간을 내어 도심에서 탈출하듯이 빠져나와 산과 들로 향합니다. 주말 농장과 생태 체험 학습장이 성황을 이루고, 자연 속에서 하는 레저 활동과 산림욕, 흙 밟기 등을 즐기는 사람들이 증가하고 있지요. 갖은 산나물로 맛깔스럽게 차린 시골 밥상이 그리워 애써 후미진 곳까지 어렵사리 찾아가고, 급기야 자연이 좋아 귀농이나 귀향을 결심하는 분들도 있습니다. 저 역시 가끔 도시 생활에 지치고 힘들 때면 고향 목포 인근의 바닷가 가까운 곳에 내려가 바다 비린내 맡으며 살고 싶다는 생각을 할 때가 있습니다.

이렇게 우리에게는 본능적으로 자연을 그리워하고 자연의 귀속을 촉구하는 유전자가 있는 것 같습니다. 그리고 우리가 먹는 음식에도 분명 그런 유전자가 숨겨져 있다고 생각합니다. 내 부모님, 조부모님 그리고 그보다 훨씬 전의 세대부터 먹었던 음식이 살이 되고 피가 되어 나에게까지 내려왔습니다. 그래서 우리에게는 그 음식을 먹는 것이 자연스러운 일이지요. 그 음식은 바로 곡물과 채소입니다. 우리 선조가 채식주의였는지, 육식주의였는지는 여기서 논하지 않겠습니다. 다만 분명한 것은 지금보다는 육식을 덜 했다는 사실입니다. 아니, 못 먹었다는 표현이 맞겠지요.

식생활이 서구화되면서 육식은 언제든 마음만 먹으면 할 수 있게 되었지만, 채식을 하려면 보다 세심한 주의와 노력이 필요한 시대인 것을 보면 그만큼 우리는 자연 유전적 소인을 감춰두고 사는 것 같습니다. 우리 조상의 몸에 비해 우리의 몸은 그다지 큰 진화를 보이지 않고 있는데 말이죠. 그러니까 음식을 비롯한 환경만 급격하게 변한 것이지요. 또 그것은 바로 우리가 만든 결과이고요. 그러니 그런 급격한 변화 속에서 우리 몸이 적응하지 못하고 이상을 일으키는 것은 당연한 일인지도 모르겠습니다.

채식을 결심하는 데는 여러 가지 이유가 있습니다. 채식 문화가 이미 자리 잡힌 서양에서는 윤리적, 환경적 이유가 많고 우리나라에서는 건강상의 이유가 많습니다. 우리가 흔히 알고 있는 채식주의자vegetarian에는 몇 가지 분류가 있습니다. 완전한 채식주의자vegan로 단번에 전환하기도 하지만 몇 가지로 분류되는 단계를 거치면서 점차적으로 완전한 채식주의자가 되기도 합니다.

채식주의자의 종류와 특징은 다음과 같습니다.
• 플렉시테리언flexitarian : 때때로 육식을 하지만 전반적으로 채식을 한다.
• 세미 베지테리언semi vegetarian : 유제품, 달걀, 생선, 닭고기는 먹지만 붉은 살 고기는 먹지 않는다.
• 페스코 베지테리언pesco vegetarian : 유제품, 달걀, 생선은 먹는다.

- 락토 오보 베지테리언lacto ovo vegetarian : 유제품과 달걀은 먹는다.
- 락토 베지테리언lacto vegetarian : 유제품은 먹는다.
- 비건vegan : 모든 동물성 식품을 섭취하지 않고 사용하지도 않는다.

이 분류는 어디까지나 서양에서 이미 채식주의를 실천하고 있는 집단을 분류해놓은 것이므로 꼭 이렇게 선을 정해놓고 맞출 필요는 없습니다. 우리나라는 이런 분류에 해당하지 않는 경우도 많기 때문입니다. 파, 마늘과 같은 향신채도 먹지 않는 채식주의자가 있고, 닭고기나 생선은 먹는 채식주의자도 있고, 요리를 할 때 멸치나 황태, 디포리로 우린 국물은 먹는 사람도 있으니까요. 중요한 점은 채식을 실천하기에 앞서 내 라이프스타일과 주변 환경, 체질, 가치관 등을 고려하여 나만의 식생활 패턴을 만들어가는 것입니다.

저는 채식을 위주로 하려 노력하면서도 가끔 흰 살 생선을 먹고, 요리할 때 멸치나 황태, 디포리로 국물을 우려 맛을 내기도 합니다. 김치에도 제 고향 목포의 질 좋은 멸치 액젓을 넣습니다. 완전한 채식주의자는 아니지만, 제게 적합한 채식 생활을 하고 있다고 생각합니다. 무리하게 육식에 대한 욕구를 참아가며 콩이나 밀에서 추출한 글루텐 고기로 만족하고 부족한 맛을 메우기 위해 수입 채소 스톡이나 채소 분말 조미료를 무분별하게 사용하는 것보다는 낫지 않을까 하는 생각입니다.

flexitarian

semi vegetarian

pesco vegetarian

lacto ovo vegetarian

lacto vegetarian

vegan

막상 채소로만 요리를 하려다 보면 메뉴의 궁색함을 절실히 느끼게 됩니다. 이제껏 육류와 해물류에서 얻어온 맛 성분을 포기해야 하니 허전함을 느끼는 분도 많을 겁니다. 그런 분들은 먼저 채소 하나하나의 맛을 잘 음미하며 드셔볼 것을 권합니다. 되도록 간소한 양념으로만 맛을 내고 한두 가지 채소만 들어간 요리를 먹으면서 원래 채소가 지닌 맛의 깊이를 느껴보시기 바랍니다. 그런 다음 더 많은 가짓수의 채소들을 서로 연결시켜가며 요리의 다양성을 꾀하면 좋겠지요.

이 책에서는 되도록 간편하고 간결하게 만들 수 있는, 다양하고 이색적인 채소 요리들을 소개합니다. 아이 음식부터 베이킹까지 채소만으로도 이렇게 풍성한 요리가 탄생할 수 있음을 보여드리고 싶었습니다. 독자 여러분들이 채식을 실천하는 데 도움을 드리고, 이 책의 요리들이 여러분들의 식탁에 다양한 맛과 영양 그리고 건강까지 책임질 수 있다면 좋겠습니다.

2013. 이양지

차례

4   나에게 맞는 채식 생활
12   책에서 사용한 계량법과
     기본 국물 내기

PART 1

채식을 시작하다

16   청경채 팽이버섯 김 부침개
18   우엉 생강 구이와 연근 크리미 구이
20   막걸리 소스 곤약 스테이크
22   매콤한 감자채전
24   버섯 낫토전
26   무말랭이 감자전
28   *Essay 1* 산 음식과 죽은 음식
30   구운 양배추와 감자 소스
32   말린 표고 크리스피 구이
34   오이 두부 머스터드 매리네이드
36   토란 양념 튀김
38   향신 소스를 얹은 쑥갓 당근 튀김
40   연근 샌드 튀김
42   시금치 김말이
44   은행 녹차 튀김
46   수수 춘권피말이 튀김
48   콜리플라워 발사믹 볶음
50   대파 올리브유 구이
51   무와 연근 피클
52   *Essay 2* 음식과 음양의 조화

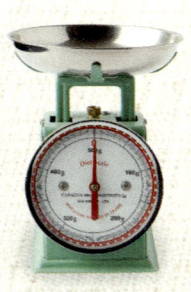

PART 2

채식을 즐기다 I

56 콜리플라워 비트 수프
58 부추 흑임자 된장 수프
60 우엉 밤 수프
62 옥수수 토마토 수프
64 대파 수프
66 콩 수프
68 떡 튀김 샐러드
70 양파 미역 샐러드
72 적채 사과 샐러드
74 감자 그린 드레싱 샐러드
76 흑임자 소스와 토란 청경채 샐러드
78 Essay 3 명품 조미료 I
80 버섯 크림소스와 매시트 스위트 포테이토
82 무 대파 구기자 절임
84 감자 시금치 바게트 샐러드
86 따뜻한 두부 샐러드
88 가지 파프리카 샐러드
90 율무 아보카도 카레 풍미 샐러드
92 하얀 강낭콩 샐러드
94 가지 아보카도 샐러드
96 튀긴 우엉 샐러드
98 매생이 토마토 마리네이드
99 고구마 오렌지 샐러드
100 Essay 4 명품 조미료 II

PART 3

채식을 즐기다 II

104 애호박 밥 구이
106 낫토 볶음밥
108 근대 그린 버터 비빔밥
110 토마토 된장 국수
112 시금치 그린 카레
114 두부 카레라이스
116 마파 가지 덮밥
118 Essay 5 아기를 위한 첫 음식
120 브로콜리 스파게티
122 마늘종 알리오 올리오 스파게티
124 메밀 국수 볶음
126 녹두 국수 볶음
128 중국식 채소 냉라면
130 된장 칼국수
132 간장 비빔국수
134 미역 들깨 메밀 수제비
136 제주 땅콩밥
138 Essay 6 내가 좋아하는 조리 도구

PART 4
채식으로 한 상 차리다

142 곤약 콩나물 볶음
144 양배추 유부 깻잎 무침
146 감자 오이 코코넛 무침
148 곶감 무 매실장아찌 무침
150 우엉 밤 계피 조림
152 우엉 양파 고추장 볶음
154 두부 고사리 카나페
156 표고버섯 다시마 팔각 조림
158 단호박말이
160 병아리콩 완자 조림
162 매콤한 두부구이
164 브로콜리 느타리버섯 흑임자 무침
166 *Essay 7* 살림 다이어트
168 묵은 김치 고구마 표고버섯 조림
170 두부 채소 볶음
172 바삭바삭 두부 만두구이
174 더덕 유자 소스 찹쌀구이
176 채소 콩조림
178 시래기나물

180 배추 메밀전
182 수삼 은행 조림
184 깻잎찜
186 톳 밤 생채
188 호박고지 들깨나물
190 가지고지 우스터소스 조림
192 견과 소스 취나물
194 고추장찌개
196 강된장
198 김치두부찌개
200 되비지탕
202 한식 미네스트로네
204 돌나물 배 생채
205 청경채 국화 무침
206 매운 얼갈이 부추 무침
207 파래 무 무침
208 호박잎 된장국
209 말린 토마토 미나리 무침
210 *Essay 8* 나의 쿠킹 클래스

PART 5

채식, 생활이 되다

214 바나나 대파 말이
216 사과 팬케이크
218 무 옥수수전
220 현미 인절미 생강 데리야키 구이
222 현미밥 떡
224 단호박 팥 양갱
226 채소 쌀가루 케이크
228 사과 고구마 춘권피 파이
230 우엉 깻잎 쿠키
232 부드러운 깨 쿠키
234 *Essay 9* 재래시장의 즐거움
236 쪽파 스콘
238 애호박 머핀
240 통밀 콩비지 도넛
242 버섯 튀김 과자
244 우엉 초콜릿
246 스파이시 크래커
248 카레 풍미 콩 스낵
250 양배추 아보카도 토스트
252 두부 나물 비빔밥 도시락
254 김밥 도시락
256 샐러드 초밥 도시락
258 비트 피클 샌드위치
260 채식 햄버그 스테이크 도시락

262 병아리콩 패티 크로켓 도시락
264 통밀 파스타 과자
265 호두 캐러멜라이즈 과자
266 오이 키위 셔벗
267 토마토 그라니타
268 *Essay 10* 베이킹은 즐거워

책에서 소개한 레시피는 2인 기준입니다.
1큰술은 15ml로 1밥숟가락 정도입니다.
1작은술은 5ml로 $\frac{1}{3}$밥숟가락 정도입니다.
1컵은 200ml로 종이컵으로 1컵 한가득 정도입니다.

책에서 사용한 계량법과 기본 국물 내기

다시마 표고버섯 국물 내기

말린 다시마(5×10cm) 1장, 말린 표고버섯 2장을 물 5컵(1ℓ)에 담가 말린 다시마가 생다시마처럼 부드러워질 때까지 3시간 이상 불린다. 불에 올려 중약 불에서 끓여 팔팔 끓기 시작하면 다시마는 건져내고 10~15분 더 끓인 다음 표고버섯도 건져낸다.

다시마 멸치 국물 내기

다시마(5×10cm) 1장을 물 5컵(1ℓ)에 담가 말린 다시마가 생다시마처럼 부드러워질 때까지 3시간 이상 불린다. 내장을 제거하여 머리와 몸통만 남도록 손질한 국물용 멸치 5~7개를 넣고 불에 올려 중약 불에서 끓인다. 팔팔 끓기 시작하면 다시마는 건져내고 10~15분 더 끓인 다음 멸치도 건져낸다.

맛간장 만들기

간장 3컵, 청주 $\frac{1}{2}$컵, 물 7컵, 국물용 다시마(10×10cm) 1장, 말린 표고버섯 3개, 무 5cm 1토막, 검은콩 2큰술, 양파(껍질째) 1개, 대파(뿌리 포함) 2대, 저민 생강 1개 분량, 마늘 5톨을 준비한다. 냄비에 물을 붓고 간장과 청주를 제외한 모든 재료를 넣은 뒤 푹 끓여 국물을 우린다. 양파가 푹 무르고 국물이 노랗게 우러나면 간장과 청주를 넣고 한소끔 끓여서 체에 거른 다음 다시 냄비에 넣고 국물 양이 약 $\frac{2}{3}$로 줄어들 때까지 졸인다. 맛간장은 다양한 시판 제품을 대체해 사용해도 좋다.

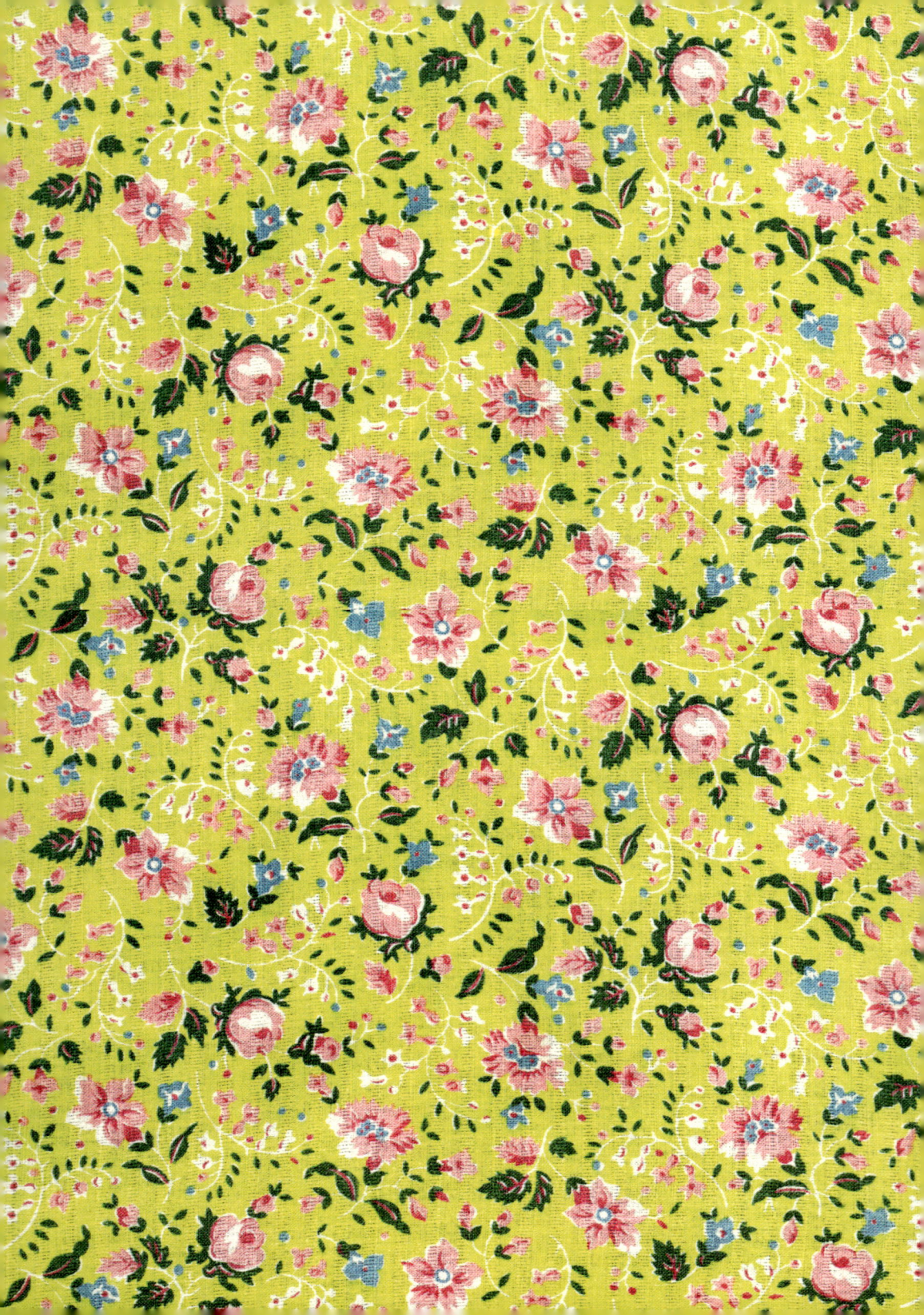

PART 1

채식을
시작하다

청경채 팽이버섯 김 부침개

청경채 2개, 팽이버섯 1봉지, 김 4장
부침 가루 1컵, 물 1컵, 식물성 기름 적당량, 실고추 약간

레몬 간장(간장 2큰술, 레몬즙 $\frac{1}{2}$큰술)

1 청경채와 팽이버섯은 3~4cm 길이로 썰고, 김은 손으로 잘게 찢는다.

2 청경채와 팽이버섯, 김을 볼에 담고 부침 가루로 버무린 다음 물을 넣어 섞는다.

3 달군 팬에 식물성 기름을 두르고 2의 반죽을 부어 앞뒤로 노릇 노릇하게 굽는다.

4 레몬 간장과 실고추를 곁들인다.

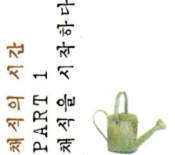

채식의 시간
PART 1
채식을 시작하다

우엉 생강 구이와 연근 크리미 구이

우엉 $\frac{1}{2}$개
연근 200g
밀가루 1~2큰술
녹말 1~2큰술
두유 $\frac{1}{2}$컵
식물성 기름 적당량

양념 A{물 2큰술
간장·청주 1$\frac{1}{2}$큰술씩
저민 생강 4~5개}

양념 B{간장·맛술 1큰술씩
맛술 1큰술}

1 우엉은 0.3cm 두께로 어슷하게 썰고, 연근은 0.5cm 두께로
반달썰기 한다. 밀가루는 고운 체에 내린다.

2 우엉에 녹말을 얇게 묻힌다.

3 달군 팬에 식물성 기름을 두르고 2의 우엉을 중간 불에서 앞
뒤로 노릇노릇하게 굽다가 양념 A를 끼얹어 윤기가 나게 조
린다.

4 달군 팬에 식물성 기름을 두르고 연근을 중간 불에서 앞뒤로
노릇노릇하게 굽는다.

5 4의 연근에 밀가루를 뿌려 골고루 묻힌 다음, 양념 B를 넣어
버무린다.

6 5에 두유를 붓고 한소끔 끓이다가 걸쭉해지면 불에서 내린다.

막걸리 소스 곤약 스테이크

곤약 250g
건고추 1개
식물성 기름 1큰술
소금·후춧가루 약간씩

막걸리 소스{막걸리 $\frac{1}{2}$컵
올리브유 $\frac{1}{4}$컵
파인애플 50g
식초 2큰술
소금 $\frac{1}{2}$작은술}

1 끓는 물에 소금을 약간 넣고 곤약을 3분 정도 삶은 후, 찬물에 넣어 식힌 뒤 건져낸다.

2 곤약 앞뒤 양면에 격자 모양으로 칼집을 촘촘하게 넣은 다음, 먹기 좋은 크기로 썬다. 건고추는 거칠게 다진다.

3 막걸리는 팔팔 끓여 알코올 성분을 날린 다음 다른 재료들과 함께 믹서에 곱게 갈아 소스를 만든다.

4 2의 곤약을 식물성 기름을 두른 팬에서 센 불로 진한 갈색이 나도록 굽는다.

5 그릇에 3의 막걸리 소스를 뿌리고 구운 곤약을 올린 다음 다진 건고추와 후춧가루를 뿌린다.

Tip 곤약은 칼로리가 낮아 다이어트 식품으로 좋지만, 특유의 고릿한 냄새가 나므로 꼭 소금을 넣은 물에서 삶아야 해요. 그리고 양념이 잘 배도록 양면에 격자 모양으로 촘촘하게 칼집을 넣습니다.

2

매콤한 감자채전

감자 400g, 찹쌀가루 5큰술, 물 5큰술, 소금 약간, 커민 시드(생략 가능) 약간,
식물성 기름 적당량

1 감자는 곱게 채 썬다.

2 채 썬 감자에 찹쌀가루를 넣어 버무린 후 분량의 물을 넣어
   섞는다.

3 2에 소금과 커민 시드를 넣어 다시 한 번 골고루 섞는다.

4 달군 팬에 식물성 기름을 두르고 3을 한 숟가락씩 떠서 올린
   다. 되도록 얇게 펴서 동글납작한 모양을 만든 후 앞뒤로 노
   릇노릇하게 굽는다.

Tip 커민은 중동이 원산지로 인도, 터키, 그리스, 아랍권 요리에 자주 쓰이는 향
신료입니다. 커민 시드는 커민의 씨앗으로 향이 강하고 톡 쏘는 맛이 나는데 커민
시드 대신 바질이나 오레가노 분말, 카레 가루를 조금 넣어 향을 내도 좋습니다.

버섯 낫토전

표고버섯 3개, 느타리버섯 80g
낫토 1팩, 간장 1큰술, 생강즙 1작은술
밀가루 3~4큰술, 식물성 기름 적당량

1 깨끗이 씻은 표고버섯과 느타리버섯을 절구에 넣고 방망이
  로 찧는다.

2 낫토는 팩 안에 함께 들어 있는 간장 소스와 겨자를 넣고 잘
  섞는다.

3 볼에 1과 2, 간장, 생강즙, 밀가루를 넣어 섞는다.

4 달군 팬에 식물성 기름을 두르고 3을 한입 크기 정도로 떠서
  올린다. 팬 위에서 동글납작하게 모양을 만들어 양면을 노릇
  하게 굽는다.

Tip 버섯을 칼로 썰거나 손으로 찢지 않고 절구에 찧으면 마치 고기를 씹는 것 같
은 식감을 느낄 수 있습니다.

무말랭이 감자전

무말랭이 30g, 호두 $\frac{1}{4}$컵, 쪽파 5대, 감자 2개, 옥수수 알갱이 $\frac{1}{2}$컵, 감자 녹말 3큰술, 소금·후춧가루 약간씩, 식물성 기름 적당량

레몬 간장(간장 2큰술, 레몬즙 $\frac{1}{2}$큰술)

1 무말랭이는 물에 25분 정도 불리는데, 도중에 물을 바꿔주며 조물조물 주물러 매운맛을 뺀다.

2 무말랭이가 말랑해지면 찬물에 담갔다 건져 물기를 꼭 짜고 1cm 길이로 썬다.

3 호두는 다지고, 쪽파는 얇게 송송 썬다. 감자는 곱게 간다.

4 볼에 2와 옥수수 알갱이, 호두, 쪽파, 감자, 감자 녹말을 넣어 섞고, 소금과 후춧가루로 간을 한다.

5 식물성 기름을 둘러 달군 팬에 4를 조금씩 떠서 올려 앞뒤로 노릇노릇하게 굽는다. 레몬 간장을 곁들여 낸다.

Tip 무는 겨울이 제철입니다. 단맛이 잘 밴 겨울무를 곱게 채 썰어 말리면 더욱 맛있는 무말랭이를 얻을 수 있어요. 시중에서 판매하는 무말랭이는 두껍게 썬 게 많은데 직접 가늘게 채 썰어 말리면 양념도 잘 배고 식감도 아주 좋습니다.

산 음식과
죽은 음식

가끔 결혼식이나 모임 덕분에 뷔페 음식 등을 접할 기회가 있습니다. 그곳에는 식욕이 돋는 색감과 멋들어진 데커레이션이 돋보이는 수많은 음식들이 펼쳐져 있지요. 이런 음식들은 혀에 동물적인 반사로 침을 고이게 만들 수는 있겠지만 전혀 생명의 기운이 느껴지지 않습니다. 대량으로 만드는 음식의 경우 주방 작업의 편리성과 원가를 고려하면 채소를 살아 있는 상태로 들여와 하나부터 열까지 손질한다는 것은 상상도 할 수 없습니다. 껍질이 벗겨지고 뿌리가 버려지고 줄기나 잎도 절단되어 주방에서 조리하기 편한 상태로 포장되어 나오는 공장 채소들을 이용하면 주방에서 일일이 흙을 씻을 필요도, 다듬을 필요도 없이 불에 올려 갖은 양념을 더해 끓이고 볶고 튀기기만 하면 멋진 요리가 완성되지요. 먹는 사람 입장에서도 채소 생명의 존재 여부를 따지기에 앞서 내 입에 착착 감기는 맛이냐 아니냐 하는 것이 맛의 기준이 되지요. 그런 식자재는 뷔페 음식뿐만 아니라 다른 외식 업체나 마트의 식자재 코너에서도 쉽게 볼 수 있습니다. 이런 현실에는 우리 소비자의 책임도 있습니다.

사람이 다른 생명체와 가장 크게 다른 점은 영혼이 있는 존재라는 것입니다. 단순히 생명 유지의 수단으로 음식을 먹어서는 안 되는 이유도 바로 이 때문입니다. 우리의 영혼을 만족시켜 주고 기氣를 살려주는 음식을 먹어야 영혼과 육체가 건강해질 수 있습니다. 오랫동안 편리성과 혀에 와 닿는 맛이 음식 선택의 기준이 되다 보니 우리 몸은 겉으로는 보기 좋게 살찌고 있

어도 속은 병들어가고 생명의 기운이 서서히 떨어지게 되었습니다. 몸과 영혼을 건강하고 윤택하게 해줄 수 있는 음식을 먹기 위해서는 시간과 정성이 필요합니다. 우리의 건강이 황금과도 바꿀 수 없다는 것은 누구나 잘 알고 있는 사실입니다.

우리는 자연의 일부입니다. 그러므로 자연환경과 친화력 있는 삶을 살아야 합니다. 서로의 생명력을 주고받아야 몸과 마음 그리고 자연도 건강합니다. 그 방법은 계절을 따라 자연스레 자라나는 채소와 곡류를 되도록 인위적인 가공을 하지 않은 상태에서 요리하여 먹는 것, 또한 채소와 곡류가 지닌 맛과 영양을 최대한 만끽하고 감사하며 먹는 것입니다. 음식에도 생명이 있음을 기억하고, 죽은 음식이 아닌 산 음식으로 생명력을 취해야 한다는 것을 꼭 기억하시기 바랍니다.

구운 양배추와 감자 소스

감자 1개
양배추 $\frac{1}{4}$개
두유 $\frac{3}{4}$컵
다진 마늘 1작은술
올리브유 2큰술
소금·후춧가루 약간씩

소스{두유 $\frac{1}{2}$컵
올리브유 1큰술
표고버섯 가루 $\frac{1}{2}$작은술
소금·후춧가루 약간씩}

1 감자는 1cm 두께로 둥글게 썰고, 양배추는 길게 반으로 썬다.

2 냄비에 감자를 넣고 물을 약간만 부어 삶은 뒤 뜨거울 때 두유와 함께 믹서에 곱게 간다.

3 2와 소스 재료를 냄비에 넣고 한소끔 끓인다.

4 올리브유를 두른 팬에 양배추와 다진 마늘을 넣고 소금과 후춧가루를 뿌린 뒤 뚜껑을 닫아 약한 불에서 굽는다. 중간에 한 번 뒤집어 앞뒤로 노릇노릇하게 굽는다.

5 4를 접시에 담고 3을 끼얹는다.

Tip 표고버섯 가루는 다시마 가루로 대체 가능합니다. 양배추는 구우면 수분이 증발하고 단맛이 응축되어 맛이 더욱 좋아집니다.

말린 표고 크리스피 구이

말린 표고버섯 4개, 옥수수 녹말·식물성 기름 적당량씩

양념{간장·청주 1큰술씩, 맛술·생강즙 $\frac{1}{2}$큰술씩, 소금 약간}

1 말린 표고버섯은 기둥을 떼고 불려서 물기를 짠다.

2 표고버섯의 가장자리부터 1cm 너비의 띠가 되도록 가위로
자른다. 너무 길면 길이를 반으로 자른다.

3 양념 재료를 고루 섞은 뒤 2의 표고버섯을 10~15분간 재운
다음 가볍게 물기를 짠다.

4 3의 표고버섯에 옥수수 녹말을 얇게 입힌다.

5 팬에 식물성 기름을 넉넉히 두르고 4를 올린 뒤 중간 불에서
앞뒤로 바삭하게 굽는다.

Tip 말린 표고버섯에는 비타민 D가 풍부해요. 보관할 때는 밀폐 용기에 담아 실
온에 보관하고 사용할 때는 미지근한 물에 불려 물기를 짜서 요리하면 향도 좋고
쫄깃하게 씹히는 식감도 좋습니다.

오이 두부 머스터드 매리네이드

오이 1개, 생식용 두부 1모, 로즈메리 1줄기

매리네이드 소스{홀 그레인 머스터드 1큰술, 엑스트라 버진 올리브유 $\frac{1}{4}$컵 레몬즙 2큰술, 마늘 2톨, 맛술 1큰술, 후춧가루 약간}

1 오이는 깨끗이 씻어 홍두깨로 두들겨 부순다. 두부는 키친타 월에 싸서 무거운 것으로 눌러두어 30분 정도 물기를 뺀다.

2 두부를 손으로 갈라 6등분한다.

3 매리네이드 소스 재료 중 마늘을 저며 나머지 재료와 모두 섞는다.

4 오이와 두부를 3에 넣고 로즈메리도 뜯어 넣는다. 그대로 냉 장고에 두었다가 반나절 정도 맛이 배게 한 뒤 먹는다.

Tip 오이를 칼로 썰지 않고 홍두깨로 두들겨 부수어 소스에 절이면 양념이 훨씬 잘 뱁니다. 홀 그레인 머스터드 대신 스위트 머스터드를 이용해도 좋습니다.

토란 양념 튀김

토란 4~5개, 간장 2큰술, 청주 1큰술, 고춧가루 1작은술, 밀가루(박력분) $\frac{1}{2}$컵, 튀김 기름 적당량

1 토란은 숟가락으로 껍질을 긁어낸 후 큰 것은 반으로 썰어 찜통에 푹 찐다.

2 토란이 뜨거울 때 간장과 청주로 버무려 10분 정도 맛이 배게 둔다.

3 비닐봉지에 고춧가루와 밀가루를 넣고 2의 토란을 넣어 흔들어 가루를 입힌다.

4 170℃의 튀김 기름에서 3을 바삭하게 튀긴다.

Tip 토란 껍질을 칼로 깎지 않고 물에 담가둔 채 숟가락으로 긁어 보세요. 손도 가렵지 않고 쉽게 벗길 수 있습니다.

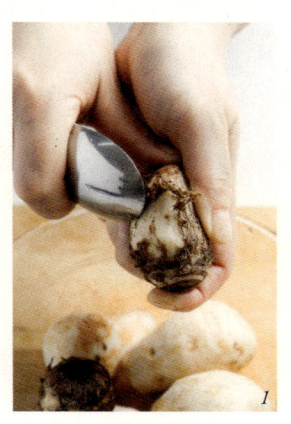

1

향신 소스를 얹은 쑥갓 당근 튀김

쑥갓 3줄기
당근 3cm 1토막
튀김 가루 2~3큰술
튀김 기름 적당량

튀김옷{튀김 가루 1컵
찬물 1½컵}

향신 소스{간장·식초 2큰술씩
참기름·식물성 기름 1큰술씩
다진 마늘 1작은술
다진 생강 ½작은술
다진 파 2큰술
다진 홍고추 1큰술
올리고당 1½큰술
물 4큰술}

1 쑥갓은 4~5cm 길이로 썰고, 당근은 채 썬다.

2 쑥갓과 당근을 볼에 넣고 튀김 가루를 넣어 고루 버무린다.

3 2를 준비한 튀김옷에 적셔 180℃의 튀김 기름에서 바삭하게 튀겨 건진다.

4 팬에 향신 소스용으로 준비한 참기름과 식물성 기름을 두르고 달군 후 다진 마늘·생강·파·홍고추를 넣어 약한 불에서 향이 나도록 볶다가 나머지 소스 재료를 모두 넣고 한소끔 끓인 뒤 불에서 내린다.

5 3의 쑥갓 당근 튀김을 접시에 올리고 4를 끼얹어 낸다.

Tip 쑥갓은 튀김옷을 얇게 입혀야 맛과 향을 제대로 즐길 수 있습니다. 쑥갓 대신 참나물이나 냉이를 튀겨도 맛있어요.

3-1 3-2

제철의 시간
PART 1
제철을 시작하다

연근 샌드 튀김

연근 300g
대파 1대
표고버섯 2개
청주 1작은술
참기름·소금 약간씩
감자 녹말·튀김 기름 적당량씩
간장 적당량

두부 소스{두부 200g
연근 50g
미소 된장 2작은술
소금 약간}

1 연근은 껍질을 벗겨 0.3cm 정도 두께로 썬다. 대파와 표고버섯은 다진다.

2 참기름을 둘러 달군 팬에 대파와 표고버섯을 넣고 볶는다. 중간에 청주와 소금을 넣어 맛을 낸다.

3 두부 소스의 두부는 키친타월로 싸서 무거운 것으로 30분 이상 눌러 물기를 뺀 다음, 다른 재료와 함께 믹서에 간다.

4 3에 2의 대파 표고버섯 볶음을 넣어 섞은 다음 적당량 떠서 연근 한 장에 바르고 또 한 장으로 덮는다.

5 4에 감자 녹말을 얇게 입혀 160℃의 튀김 기름에 튀긴 뒤 간장을 곁들여 낸다.

Tip 연근의 아삭아삭한 식감과 부드럽고 담백한 두부가 잘 어우러진 맛이 훌륭한 간식입니다.

시금치 김말이

시금치 300g, 김밥용 김 1장, 무 피클(51쪽 참조) 100g, 통깨(생략 가능) 약간

양념{간장 1큰술, 참기름 1작은술}

4

1 시금치는 소금을 넣은 끓는 물에 뚜껑을 열고 데친 뒤 물기를 꼭 짠다.

2 데친 시금치를 볼에 담고 양념을 넣어 조물조물 무친다.

3 김밥용 김을 반으로 썰어 김밥 위에 세로로 길게 놓는다.

4 2의 시금치를 가지런히 길이를 맞추어 김 위에 올린다. 중심에 무 피클을 놓은 다음 김밥 말듯이 돌돌 말아 먹기 좋은 길이로 썬다. 통깨를 뿌려도 좋다.

Tip 시금치 대신 부추를 데쳐서 넣어도 맛있어요. 무 피클이 없으면 단무지나 무 짠지를 넣어도 좋습니다.

은행 녹차 튀김

은행 1컵, 밤 3개, 녹찻잎(생략 가능) 1큰술, 튀김 가루 4큰술, 소금 약간, 찬물 4~5큰술, 튀김 기름 적당량

1 은행은 끓는 물에 데쳐 속껍질을 벗기고, 밤은 얇게 저며 썬다.

2 은행과 밤, 녹찻잎을 섞고, 튀김 가루를 넣어 버무린다. 소금 도 약간 넣는다.

3 2에 찬물을 넣어 젓가락으로 섞는다.

4 180℃의 튀김 기름에 3의 반죽을 한 숟가락씩 떠 넣어 바삭 하게 튀긴다.

Tip 찬물로 튀김옷을 만들면 튀김이 훨씬 바삭합니다. 녹찻잎은 없으면 생략해도 좋아요.

수수 춘권피말이 튀김

춘권피 6장, 말린 표고버섯 2장, 말린 표고버섯 불린 물 1컵
수수 $\frac{1}{2}$컵, 양배추 1장, 다진 호두 2큰술, 간장 1큰술
소금·후춧가루·참기름 약간씩, 튀김 기름 적당량

1 말린 표고버섯은 물에 불려서 다지고, 표고버섯 불린 물은 따로 준비해둔다. 수수는 씻어 체에 밭쳐 물기를 빼고, 양배추는 다진다.

2 말린 표고버섯 불린 물을 수수에 부어 질게 밥을 짓는다.

3 2의 수수밥에 다진 양배추·표고버섯·다진 호두와 간장을 넣어 섞는다. 소금, 후춧가루, 참기름을 넣어 간을 맞춘다.

4 춘권피에 3을 적당량 올려 돌돌 말아 180℃의 튀김 기름에 노릇하게 튀긴다.

Tip 양배추 대신 애호박이나 당근, 양파 등의 채소를 다져 사용해도 좋습니다.

콜리플라워 발사믹 볶음

콜리플라워 $\frac{1}{2}$개, 목이버섯 10g
마늘 2톨, 올리브유·화이트 와인 2큰술씩
발사믹 식초·간장 2큰술씩
소금·후춧가루 약간씩

1 콜리플라워는 봉오리와 대를 모두 0.5cm 두께로 저민다. 목
이버섯은 물에 불려 먹기 좋은 크기로 썰고, 마늘은 저민다.

2 달군 팬에 올리브유를 두르고 마늘을 넣어 향이 나도록 볶다
가 콜리플라워와 목이버섯을 넣어 함께 볶는다.

3 콜리플라워와 목이버섯에 기름이 돌면 화이트 와인을 끼얹
은 다음, 뚜껑을 덮어 약한 불에서 잠시 익힌다.

4 3에 발사믹 식초와 간장을 넣어 좀 더 볶다가 소금과 후춧가
루로 간을 맞춘다.

Tip 발사믹 식초는 숙성 연수가 길수록 산미가 풍부하고 향이 진해집니다. 하지
만 가격도 비싸지요. 3년 정도 숙성시킨 것을 구입하면 대체적으로 맛과 가격이 적
당합니다.

대파 올리브유 구이

대파 2대, 건고추 1개, 마늘 1톨, 올리브유 2큰술, 슬라이스 바게트 4개, 소금·후춧가루 약간씩

1 대파는 7~8cm 길이로 썰고, 건고추는 어슷하게 썬다. 마늘은 으깬다.

2 팬에 올리브유를 둘러 약한 불에 건고추, 마늘을 볶다가 대파를 넣어 갈색이 나도록 볶는다. 소금과 후춧가루로 간을 한 다음 바게트에 올린다.

Tip 대파는 머리 부분이 통통하고 단단한 것, 잎 부분이 싱싱한 것이 좋고 제철인 겨울에 수확한 게 맛있어요. 바게트 대신 통밀빵에 곁들여도 좋아요.

무와 연근 피클

무 4cm 1토막, 연근 6~7cm 1토막, 매실장아찌(생략 가능) $\frac{1}{3}$컵
피클 소스{매실 농축액 4큰술, 식초 3큰술, 설탕 $1\frac{1}{2}$큰술, 물 3큰술}

1 무와 연근은 2×4cm 크기의 막대기꼴로 썬다. 피클 소스
  재료는 모두 섞어 냄비에 넣고 한소끔 끓인다.

2 무와 연근을 용기에 담고 뜨거운 피클 소스를 부어 그대
  로 식힌 다음 매실장아찌를 섞어 서늘한 곳에 보관한다.

Tip 무와 연근 피클은 만든 다음 날부터 먹을 수 있는데 3일 연속
피클 소스를 따라내 끓였다가 다시 식혀 부어야 오래가요.

고기를 먹으면서 생채소를 많이 곁들여 먹으면 고기가 몸에 끼치는 나쁜 영향을 모두 없애줄 거라고 생각하는 사람들이 많습니다. 예를 들어 삼겹살을 상추나 깻잎에 싸 먹으면 삼겹살의 지방이 몸 밖으로 잘 배출될 거라 믿습니다. 물론 채소를 전혀 먹지 않는 것보다는 채소를 곁들여 먹는 게 낫지요. 채소의 풍부한 섬유소가 지방분의 배출을 용이하게 해주고 육식에서 부족한 영양소도 보충해주니까요. 생채소에는 익힌 채소에 없는 살아 있는 효소가 있어 영양분의 소화와 흡수 중에 이루어지는 여러 기전을 도와줍니다. 그래서 화식火食을 피하고 생식을 고집하는 분들도 있지요. 저도 적당량의 생채소 섭취는 바람직하다고 생각합니다. 특히 열이나 공기에 약한 수용성 비타민이 풍부한 채소들은 생으로 먹는 편이 좋지요.

마크로비오틱macrobiotic*의 음양 이론 관점에서 설명을 좀 해보겠습니다. 생채소는 익힌 채소에 비해 음의 성질이 강해서 우리 몸을 차게 합니다. 반면에 고기는 가열하면 딱딱해지는 양의 성질이 강합니다. 마크로비오틱에서는 음이나 양의 성질에 치우치지 않고 중용에 가깝게 조화를 이루어 음식을 섭취하면 건강해진다고 봅니다. 단편적으로 보면 고기가 양의 성질이 강하니 음의 성질이 강한 생채소를 함께 먹으면 중용에 가까워질 수 있을 것 같습니다. 그렇지만 음과 양의 성질이 모두 강한 것을 한 번에 받아들이면 우리의 몸은 큰 부담을 느낍니다. 중용에 가깝게 끌어당기기 위해 평소보다 많은 에너지가 필요하기 때문입니다. 또한 고기에 풍부한 동물성 단백질과 지

* 동양의 자연 사상과 음양 원리에 뿌리를 두고 실천하도록 권하는 식생활법. 신토불이身土不二, 일물전체 一物全体 등의 원칙을 지키며 유기농 곡류와 채식 중심의 식사를 추구한다.

음식과
음양의 조화

밥은 곡류의 탄수화물보다 소화, 흡수, 배출이 훨씬 더 어려운데 차가운 음의
성질이 강한 채소를 익히지 않고 함께 먹으면 오히려 소화 과정을 방해할 수
있습니다. 예를 들어 상추같이 몸을 차게 하는 채소보다는 몸을 따뜻하게 하
는 부추나 양파, 파, 달래를 겉절이로 무쳐 먹는다든지 싱겁게 무친 콩나물이
나 미나리나물 같은 숙채가 오히려 육류의 소화를 돕습니다. 건강한 식생활을
하기로 마음먹었다면 좀 더 세심한 음식 선택이 필요합니다.

PART 2

채식을
즐기다 I

콜리플라워 비트 수프

콜리플라워 ½개, 비트 30g, 양파 ¼개, 다시마 표고버섯 국물(13쪽 참조) 2컵,
식빵 ½장, 올리브유 적당량, 소금·후춧가루 약간씩

1 콜리플라워는 깨끗이 씻어 봉오리를 나누어 썬다. 비트는 껍
   질을 깎아 얇게 썰고, 양파는 채 썬다. 식빵은 사방 0.5cm 크
   기의 주사위 모양으로 썬다.

2 달군 냄비에 올리브유를 두르고 양파가 숨이 죽어 투명해질
   때까지 볶은 다음 콜리플라워를 넣고 조금 더 볶는다.

3 2에 다시마 표고버섯 국물을 붓고 비트를 넣어 재료가 푹 익
   도록 끓인 다음 믹서에 곱게 간다.

4 식빵은 올리브유를 넉넉히 뿌린 팬에 골고루 노릇하게 구워
   크루통을 만든다.

5 3을 냄비에 붓고 한소끔 더 끓인다. 소금과 후춧가루로 간을
   맞추고 그릇에 담아 크루통을 올린다.

부추 흑임자 된장 수프

부추 80g, 흑임자 3큰술, 다시마 표고버섯 국물(13쪽 참조) 2컵
미소 된장 $1\frac{1}{2}$큰술

1 부추는 깨끗이 다듬어 1cm 정도 길이로 썬다. 흑임자는 커
   터에 진득해지도록 간다.

2 부추와 흑임자를 버무려 각각 그릇에 담아둔다.

3 다시마 표고버섯 국물을 끓인 다음 미소 된장을 풀어 한소끔
   더 끓인 뒤 2에 붓는다.

우엉 밤 수프

우엉 $\frac{1}{3}$대, 밤 4개, 양파 $\frac{1}{3}$개, 다시마 표고버섯 국물 2컵, 콩물(또는 두유) 4큰술, 식물성 기름·소금·후춧가루 약간씩

1 우엉은 칼등으로 살살 껍질을 벗겨 얇게 어슷썰기 한다. 밤
  은 속껍질을 벗겨 4등분하고, 양파는 가늘게 채 썬다.

2 달군 냄비에 식물성 기름을 두르고 양파를 넣어 중간 불에서
  숨이 완전히 죽을 때까지 볶은 다음 우엉과 밤을 넣어 기름
  이 고루 밸 때까지 볶는다.

3 2에 다시마 표고버섯 국물을 붓고 우엉과 밤이 푹 익을 때까
  지 끓인다. 도중에 거품이 올라오면 중간중간 걷어낸다.

4 3을 믹서에 넣고 곱게 간 다음 다시 냄비에 붓고 데운 뒤 소
  금과 후춧가루로 간을 맞춘다.

5 4를 그릇에 담고 콩물을 모양 내어 끼얹는다.

Tip 국물을 우린 다시마와 표고버섯도 잘게 다져 함께 넣으면 맛이 잘 어우러지
고 씹는 식감도 좋습니다.

옥수수 토마토 수프

옥수수 알갱이 1컵, 다진 양파 $\frac{1}{2}$개 분량, 올리브유 1작은술
물 1$\frac{1}{2}$컵, 두유 $\frac{1}{2}$컵, 소금 약간

소스{토마토 작은 것 1개, 올리브유 1작은술, 소금 약간}

1 올리브유를 두르고 달군 냄비에 다진 양파를 넣어 볶는다.
양파가 숨이 죽고 투명해질 때까지 볶은 후 옥수수 알갱이를
넣어 수분이 없어질 때까지 더 볶는다.

2 1에 물을 붓고 끓인다. 끓기 시작하면 중간 불로 줄여 5분 정
도 더 끓인 다음 불에서 내려 식힌 뒤 믹서에 곱게 간다.

3 2와 두유를 냄비에 넣어 따끈하게 데운 뒤 소금으로 간을 해
그릇에 담는다.

4 믹서에 소스 재료를 모두 넣고 곱게 갈아 3 위에 끼얹는다.

Tip 8월 제철에 구입한 옥수수를 넉넉하게 삶아 알갱이를 떼어 냉동실에 보관해
두면 통조림보다 건강한 옥수수를 간편하게 즐길 수 있습니다.

대파 수프

대파 1대
무 2cm 1토막
퀴노아 4큰술
다시마 표고버섯 국물 2컵
엑스트라 버진 올리브유 1큰술
소금·후춧가루 약간씩

1 대파는 뿌리째 깨끗이 씻어 물기를 뺀다. 무는 6등분으로 나
누어 썰고, 퀴노아는 씻어 체에 밭쳐 물기를 뺀다.

2 대파를 종이 포일에 싸서 그릴이나 오븐에 180℃로 15분간
숨이 완전히 죽도록 굽는다.

3 냄비에 다시마 표고버섯 국물과 무를 넣고 끓여 무가 푹 익
으면 구운 대파를 적당한 크기로 썰어 넣는다.

4 3을 식혀 믹서에 곱게 간 뒤 다시 냄비에 넣는다.

5 4에 퀴노아를 넣어 15분 정도 더 끓인 다음 소금과 후춧가루
로 간을 한다.

6 불에서 내리고 엑스트라 버진 올리브유를 떨군다.

Tip 퀴노아는 최근 각광받는 슈퍼 푸드 중 하나입니다. 원산지는 페루로 각종 비
타민과 미네랄이 풍부합니다. 다른 잡곡처럼 쌀에 섞어 밥을 해도 좋고 삶아서 샐
러드나 죽을 끓여도 맛있어요. 백화점 수입 식품 코너에서 구입할 수 있어요.

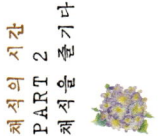

콩 수프

렌틸콩(또는 녹두) $\frac{1}{3}$컵, 양파 $\frac{1}{3}$개, 당근·셀러리 30g씩, 다시마 표고버섯 국물 4컵, 간장 1작은술, 소금·다진 파슬리 약간씩

1 렌틸콩은 씻어서 체에 밭쳐 물기를 뺀다. 양파와 당근, 셀러리는 사방 1cm 크기로 깍둑썰기 한다.

2 냄비에 양파, 당근, 셀러리를 깔고 그 위에 렌틸콩을 얹은 다음 재료가 흩어지지 않게 다시마 표고버섯 국물을 냄비 가장자리로 살살 붓는다.

3 2를 불에 올리고 재료가 들썩이지 않도록 중간 불로 맞춘다. 물이 부족하면 조금씩 더해가며 렌틸콩이 부드러워질 때까지 30~40분간 끓인다.

4 간장과 소금을 넣어 간을 맞추고 불에서 내린 후 다진 파슬리를 넣는다.

Tip 렌틸콩은 지중해 연안이 원산지이며 단백질이 풍부한 콩으로, 모양이 볼록한 렌즈 모양을 닮아서 렌즈콩이라고도 합니다. 건조된 것과 통조림으로 만든 것을 구입할 수 있어요. 녹두로 대신해도 좋습니다.

떡 튀김 샐러드

떡국용 떡 1컵, 로메인 상추 4~5장, 참나물 20g, 붉은 치커리 20g, 생다시마
(10×10cm) 1장, 식물성 기름 적당량

드레싱{통깨·맛간장(13쪽 참조) 3큰술씩, 물 2큰술, 유자청·참기름 1큰술씩}

1 로메인 상추는 깨끗하게 씻어 먹기 좋게 뜯는다. 참나물과
붉은 치커리, 생다시마는 4~5cm 길이로 채 썬다.

2 식물성 기름을 넉넉히 두른 팬을 달궈 떡국용 떡을 바삭하게
굽는다.

3 드레싱의 통깨는 절구에 넣어 곱게 갈고 유자청도 곱게 다져
서 다른 재료들과 함께 섞는다.

4 구운 떡과 로메인 상추, 참나물, 붉은 치커리, 생다시마를 섞
어 그릇에 올리고 드레싱을 끼얹어 낸다.

Tip 현미로 떡국용 떡과 가래떡을 뽑아 냉동실에 두고 필요할 때 사용해보세요.
냉동한 떡은 찬물에 담가두어 해동한 다음 물기를 닦아서 구워야 합니다.

3

양파 미역 샐러드

양파 1개
실미역 15g
방울토마토 10개

드레싱{홀 그레인 머스터드 1큰술
엑스트라 버진 올리브유 2큰술
소금 $\frac{1}{2}$작은술}

1 양파는 가늘게 채 썰고, 방울토마토는 반으로 썬다. 실미역
은 물에 부드러워질 때까지 불린다.

2 양파 채는 찬물에 담가 비벼 매운맛을 뺀 후 물기를 꼭 짠다.

3 실미역은 물기를 꼭 짜서 먹기 좋은 크기로 썬다.

4 양파와 실미역, 방울토마토를 볼에 담고 드레싱 재료를 잘
섞어 넣어 버무린다.

Tip 미역은 잘 풀어지지 않는 기장미역과 삶지 않아도 불리기만 하면 부드럽게
생으로 먹을 수 있는 실미역이 있습니다. 실미역은 미역냉국이나 샐러드에 사용하
면 좋습니다.

적채 사과 샐러드

적채 70g, 사과 ½개, 참나물 50g, 호두 5알, 새싹채소 1컵, 소금 약간

프렌치 드레싱 3큰술{식물성 기름 1컵, 식초 ½컵, 곱게 다진 양파 30g, 다진 마늘 ½작은술, 소금 1작은술, 후춧가루 약간}

1 적채는 채 썰고, 사과는 얇은 은행잎꼴로, 손질한 참나물은 4~5cm 길이로 썬다. 호두는 속껍질을 벗겨 마른 팬에 굽는다.

2 적채는 소금을 뿌려 살짝 숨을 죽인 후 손으로 조물조물해서 물기가 배어나오면 물기를 꼭 짠다.

3 구운 호두는 손으로 뚝뚝 작게 나눈다. 프렌치 드레싱 재료는 고루 섞어둔다.

4 적채와 사과, 참나물을 프렌치 드레싱으로 버무려 그릇에 올리고 새싹채소와 호두를 뿌린다.

Tip 적채는 소금을 뿌린 후 손에 힘을 주어 조물조물 무치면 부피도 줄고 부드러워져 먹기 좋아요.

감자 그린 드레싱 샐러드

감자 2개, 오이 1개
다진 양파 2큰술

그린 드레싱{파슬리 30g, 프렌치 드레싱(72쪽 참조) 3큰술
레몬즙 1큰술, 소금·후춧가루 약간씩}

1 감자는 껍질째 찐 다음 껍질을 벗기고 사방 2cm 크기로 깍
   둑썰기 한다.

2 오이는 깨끗이 씻어 사방 2cm 크기로 깍둑썰기 한다.

3 그린 드레싱 재료의 파슬리는 잎만 떼어 프렌치 드레싱, 레몬
   즙과 섞어 믹서에 곱게 간다. 소금과 후춧가루로 간을 한다.

4 감자와 오이, 다진 양파를 섞고 그린 드레싱을 적당량 넣어
   잘 버무린다.

Tip 그린 드레싱에 들어가는 파슬리를 셀러리 잎으로 대체해도 괜찮아요.

흑임자 소스와 토란 청경채 샐러드

토란 4개, 청경채 2개, 식물성 기름 적당량

흑임자 드레싱(흑임자 $3\frac{1}{2}$큰술, 간장 1큰술, 꿀 $\frac{2}{3}$큰술
식초 1작은술, 참기름 1작은술, 소금 약간)

1 토란은 비닐 장갑을 끼고 숟가락으로 껍질을 긁어낸 후
1.5cm 정도 두께로 썬다. 청경채는 길게 4등분으로 가른다.

2 토란은 기름을 발라가며 그릴이나 팬에서 앞뒤로 노릇하게
굽는다.

3 청경채는 끓는 물에 살짝 데쳐 물기를 짠다.

4 흑임자 드레싱 재료를 모두 섞어 커터에 곱게 간다.

5 2의 토란 위에 청경채를 올리고 흑임자 드레싱을 뿌린다.

Tip 토란은 가을 수확 시기에 넉넉히 사서 껍질을 긁어내고 찐 후 냉동해두면 언
제든 해동해 먹어도 맛에 큰 변화가 없습니다. 소화가 잘 되어 노인이나 환자에게
좋고 혈관계 질환 예방, 해독 작용에도 효과가 있는 것으로 알려져 있습니다.

명품 조미료 I

저는 직업 때문인지 새로운 식자재 정보에 민감합니다. 얼마 전 한 백화점 식품 매장에 갔더니 새로 나온 천연 조미료 브랜드가 눈에 띄었습니다. 마치 조미료의 명품 숍 같은 이미지랄까? 자그마한 병들에 다시마 분말, 표고버섯 분말, 새우 분말 등 각종 가루 제품과 3년 이상 숙성시킨 간장 그리고 국산 콩 된장 등 장류까지 맛을 내는 양념 재료를 담아 만만치 않은 가격에 판매하고 있었습니다.

요즘 백화점이나 마트에 가면 항상 새로운 조미료를 볼 수 있습니다. 국내 제품은 물론 용도도 잘 알 수 없는 수입 제품까지 엄청난 수의 조미료가 넘쳐납니다. 간혹 편리해 보이거나 처음 보는 제품에 현혹될 때가 있지만 그럴 때마다 기본에 충실하자고 생각합니다. 아무리 좋은 재료를 담았다 한들 인공의 힘을 가해 몇 번의 가공을 거친 제품은 선택하지 않습니다.

다시마 분말이나 표고버섯 분말이 필요하다면 말린 다시마와 말린 표고버섯을 그대로 사용하면 됩니다. 굳이 분말 제품을 비싼 가격을 감수하면서 써야 하는지 생각해볼 필요가 있습니다. 편리성 때문이라면 말린 다시마와 표고버섯을 사용하기 편하게 보관할 방법을 연구해보는 게 현명합니다. 맛으로 따져도 당연히 원재료를 써

야 맛이 고급스럽고 깔끔합니다. 영양으로 따져도 마찬가지입니다. 분말로 만든 것은 공기에 닿는 표면적이 넓어져 습기에 쉽게 노출되고 산패도 잘 됩니다.

제철의 맛과 영양을 고스란히 담은 싱싱한 채소로 요리를 할 때 가장 중요하게 생각할 것은 '채소가 우리에게 줄 수 있는 것을 어떻게 하면 그대로 받아들일 수 있을까' 하는 것입니다. 식자재 자체가 주인공이 되어야 하고 조미료는 어디까지나 조연일 뿐입니다. 그렇다고 조연이 중요하지 않은 것은 아닙니다. 조연도 조연 나름, 영화에도 명품 조연이 있는 것처럼 조미료에도

명품 조미료가 있습니다. 주인공이 빛을 발하게 하는 조미료에는 많은 종류가 필요 없습니다. 우리나라 음식을 만들 때 기본이 되는 조미료로는 소금, 간장, 된장, 고추장, 설탕, 식초 그리고 조미료의 범주에는 들어가지 않지만 기름이 있습니다. 예전부터 어머니께서 써오신 것들, 자연 그대로의 모습을 간직한 조미료가 명품입니다. 처음엔 좀 번거롭지요. 하지만 꼭 기억하고 있으면 언젠가는 자연스럽게 음식의 방향도 달라집니다.

버섯 크림소스와 매시트 스위트 포테이토

호박고구마 2개
표고버섯·양송이·백일송이
 버섯 등 총 250g
다진 양파 $\frac{1}{2}$개
밀가루 2큰술
올리브유 약간
핑크 페퍼콘·소금·후춧가루
 약간씩

양념{다진 마늘 1작은술
엑스트라 버진 올리브유 2큰술
소금·후춧가루 약간씩}

크림소스{두유 2컵
화이트 와인(생략 가능) 2큰술}

1 호박고구마는 껍질째 푹 찐 다음 뜨거울 때 껍질을 벗겨 으깬다.

2 표고버섯, 양송이, 백일송이버섯 등은 씻어서 먹기 좋게 찢거나 썬다.

3 양념 재료를 잘 섞어 1에 넣어 버무린다.

4 달군 팬에 올리브유를 두르고 양파를 넣어 약한 불에 볶다가 양파가 투명해지면 준비한 버섯을 넣어 계속 볶는다. 버섯의 숨이 죽으면 마지막으로 밀가루를 넣어 볶는다.

5 크림소스 재료를 섞어 4에 넣고 걸쭉해질 때까지 저어가며 끓이다가 소금과 후춧가루로 간을 맞춘다.

6 그릇에 3을 올리고 5를 끼얹는다. 장식으로 핑크 페퍼콘을 얹는다.

Tip 정식은 아니지만 크림소스를 속성으로 간편하게 만드는 방법입니다.

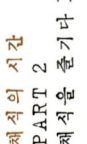

무 대파 구기자 절임

무 3~4cm 1토막

대파 흰 부분 2대, 구기자 1작은술

절임초(식초·구기자 불린 물 $\frac{1}{3}$컵씩, 설탕 3큰술, 소금 1작은술)

2

1 무는 얇게 돌려 깎아 넓적한 띠 모양으로 썬다.

2 대파 흰 부분은 길게 칼집을 넣어 속의 푸른 심을 제거한다. 구기자는 물에 불린다.

3 절임초 재료를 잘 섞어 냄비에 넣고 한소끔 끓인 뒤 식힌다.

4 대파와 불린 구기자를 사이사이에 넣으며 무를 겹쳐 용기에 담은 뒤 절임초를 끼얹어 냉장고에서 하루 이상 절인 다음 먹는다.

Tip 구기자는 피로 해소와 기력 회복, 정력 강화에 좋은 식품입니다. 특히 진도에서 생산하는 구기자는 약효가 뛰어난 것으로 알려져 있지요. 심하게 피곤할 때는 보리차처럼 구기자 물을 끓여 먹으면 좋습니다.

감자 시금치 바게트 샐러드

감자 큰 것 1개, 시금치 180g, 바게트 80g
엑스트라 버진 올리브유 2큰술
홀 그레인 머스터드 1½큰술
소금·후춧가루 약간씩

1 감자는 푹 쪄서 사방 2cm 크기로 깍둑썰기 한다. 시금치는
  소금을 약간 넣고 데쳐서 3~4cm 길이로 썰고, 바게트는 길
  게 4등분한 뒤 2.5cm 폭으로 썬다.

2 바게트는 170℃로 예열한 오븐에서 15분 정도 굽거나 팬에
  서 약한 불에 고루 연한 갈색이 돌도록 굽는다.

3 볼에 감자와 시금치, 바게트를 넣고 엑스트라 버진 올리브유
  와 홀 그레인 머스터드로 버무린 다음 소금과 후춧가루를 뿌
  려 간을 맞춘다.

Tip 홀 그레인 머스터드 대신 디종 머스터드나 스위트 머스터드를 넣어도 됩니다.

따뜻한 두부 샐러드

생식용 두부 $\frac{1}{2}$모, 양파 1개, 마 10cm 1토막, 실파 4~5대, 청주 $\frac{1}{2}$컵, 막장(또는 보리된장이나 일반 된장) 1작은술

1 양파는 가늘게 채 썰고, 생식용 두부는 반으로 썬다. 마는 강
   판에 갈고, 실파는 얇게 송송 썬다.

2 냄비에 채 썬 양파와 청주를 넣고 약한 불에서 양파가 숨이
   죽을 때까지 5분 정도 조린다.

3 2에 두부를 넣고 5분 정도 더 조린다.

4 먼저 갈아놓은 마를 그릇에 담고 3에서 두부만 건져 그 위에
   올린다.

5 3의 양파에 막장을 섞어 두부 위에 올리고 실파를 듬뿍 뿌린다.

가지 파프리카 샐러드

가지 1개, 파프리카 1개, 생식용 두부 $\frac{1}{2}$모, 엑스트라 버진 올리브유·핑크 페퍼콘·소금·후춧가루 약간씩

가지 양념{다진 마늘 $\frac{1}{2}$작은술, 엑스트라 버진 올리브유 1작은술, 소금·후춧가루 약간씩}

1 가지는 쪄서 껍질을 벗긴 뒤 잘게 다진다. 파프리카는 반으로 썰어 씨를 털어낸다. 생식용 두부는 무거운 것으로 30분 이상 눌러두어 물기 뺀다.

2 가지 양념 재료를 잘 섞은 뒤 다진 가지에 넣어 버무린다.

3 물기를 뺀 두부는 포크로 으깨어 소금과 후춧가루, 엑스트라 버진 올리브유를 넣어 섞는다.

4 파프리카 속에 3을 넣어 채우고 그 위에 2를 올린 다음 핑크 페퍼콘을 얹는다.

Tip 핑크 페퍼콘은 후추와 비슷한 향신료입니다. 단맛이 나는 게 특징입니다. 분홍색 빛을 내서 핑크 페퍼라고 불립니다. 대형 마트에서 구입할 수 있습니다.

율무 아보카도 카레 풍미 샐러드

율무 ½컵, 아보카도 1개, 셀러리 ½대

카레 드레싱{엑스트라 버진 올리브유 2½큰술, 카레 가루 1작은술, 발사믹 식초 ½큰술, 소금·후춧가루 약간씩}

1 율무는 물을 넉넉히 붓고 25분간 알갱이가 부드럽게 익을 정도로 삶아 냉수로 헹군 다음 체에 밭쳐 물기를 뺀다.

2 아보카도는 사방 1cm 크기로 깍둑썰기 하고, 셀러리는 사방 0.5cm 정도 크기로 잘게 썬다.

3 카레 드레싱의 재료를 거품기로 고르게 섞는다.

4 볼에 율무와 아보카도, 셀러리를 담아 골고루 섞은 다음 카레 드레싱을 넣고 버무린다.

Tip 율무는 노화를 방지하고 기미와 잡티를 없애 피부 미용에 좋은 잡곡입니다. 율무는 익는 데 시간이 꽤 걸리므로 물을 넉넉히 붓고, 알갱이가 퍼지지 않고 탱글탱글 살아 있을 정도로 삶아야 합니다.

하얀 강낭콩 샐러드

하얀 강낭콩(카넬리니 빈즈 통조림 또는 일반 강낭콩) 400g
자색 양파 $\frac{1}{2}$개, 마늘 1톨
엑스트라 버진 올리브유 3큰술
소금·후춧가루 약간씩

1 하얀 강낭콩은 체에 밭쳐 물기를 뺀다. 자색 양파는 채 썰고,
  마늘은 다진다.

2 채 썬 자색 양파는 냉수에 담가 비벼서 매운맛을 씻어낸 뒤
  물기를 짠다.

3 하얀 강낭콩을 그릇에 담고 엑스트라 버진 올리브유와 소금,
  후춧가루를 뿌린다.

4 강낭콩 위에 자색 양파와 다진 마늘을 뿌린다.

Tip 밤처럼 부드러운 하얀 강낭콩은 통조림으로 구할 수 있습니다. 신선한 엑스
트라 버진 올리브유를 듬뿍 뿌리고 소금과 후춧가루로만 간을 해도 맛있습니다.

가지 아보카도 샐러드

가지 1개, 아보카도 1개
로메인 상추 3~4장, 새싹채소 1컵, 식물성 기름 적당량

양념{간장·맛술·청주 1큰술씩}
드레싱{엑스트라 버진 올리브유 2큰술, 레몬즙 $\frac{1}{2}$큰술, 소금·후춧가루 약간씩}

1 가지는 1.5cm 두께로 어슷썰기 하고, 아보카도는 반으로 갈라 씨를 뺀 뒤 0.5cm 정도 두께로 썬다. 로메인 상추는 한입 크기로 뜯는다.

2 달군 팬에 식물성 기름을 두르고 가지를 올려 앞뒤로 노릇하게 굽는다. 양념 재료를 고루 섞어 넣고 조린다.

3 아보카도와 구운 가지를 접시 가장자리에 교대로 빙 둘러 담는다. 드레싱 재료는 고루 섞어둔다.

4 로메인 상추와 새싹채소를 접시에 올리고 드레싱을 뿌린다.

Tip 아보카도는 식물성 버터라고 불릴 정도로 오메가 9 지방산이 풍부합니다. 오메가 9 지방산은 나쁜 콜레스테롤 수치를 낮추고 혈행을 좋게 하여 심장 질환 예방에도 좋습니다. 채식을 하는 분들이 버터 대신 사용하면 좋은 과일입니다.

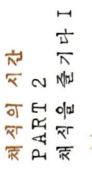

튀긴 우엉 샐러드

우엉 1대, 쌈 채소(치커리 등 길쭉한 채소류) 150g,
튀김 기름 적당량, 생강 채 약간

드레싱{발사믹 식초·엑스트라 버진 올리브유 2큰술씩,
간장·생강즙 1큰술씩, 꿀 $\frac{1}{2}$큰술}

1 우엉은 칼등으로 살살 껍질을 벗긴 뒤 필러를 이용해 8~10cm
   길이로 얇게 저민다. 쌈 채소는 5~6cm 길이로 썬다.

2 저민 우엉을 170℃의 튀김 기름에 갈색이 돌도록 튀긴다.

3 드레싱 재료를 모두 섞은 뒤 쌈 채소와 튀긴 우엉을 버무린다.

4 3을 그릇에 올리고 생강 채를 뿌린다.

Tip 우엉은 너무 바짝 튀기면 수분이 날아가 질겨지므로 아삭함이 남을 정도로
살짝 튀깁니다.

매생이 토마토 매리네이드

매생이 1컵, 토마토 ½개, 양파 ¼개
매리네이드 소스{엑스트라 버진 올리브유 4큰술, 레몬즙 2½큰술, 다진 마늘 1작은술, 소금·후춧가루 약간씩}

1   매생이는 씻어서 체에 밭쳐 물기를 뺀다. 토마토는 씨를 빼 사방 1cm 크기로 깍둑썰기 하고, 양파는 다진다.

2   매리네이드 소스에 토마토와 양파를 버무린 다음 그릇에 매생이를 담고 그 위에 토마토와 양파를 올려 냉장고에 1시간 넣어두었다가 먹는다.

고구마 오렌지 샐러드

고구마 작은 것 1개, 오렌지 1개, 셀러리 2대
**드레싱{엑스트라 버진 올리브유 3큰술, 레몬즙 1큰술, 디종 머스터드 1작
은술, 소금·후춧가루 약간씩}**

1 고구마는 껍질째 찐 다음 식혀 도톰하게 채 썬다. 오렌지
는 과육만 발라내어 먹기 좋게 썬다. 셀러리는 얇게 어슷
썰기 한다.

2 드레싱 재료들을 거품기로 잘 섞은 다음 고구마와 오렌
지, 셀러리를 드레싱에 버무린다.

Tip 오렌지 대신 국산 한라봉이나 천혜향을 사용하면 더 좋습니다.

제가 요리할 때 항상 사용하는 조미료를 몇 가지 소개하고자 합니다. 한꺼번에 달라질 수는 없지만 조금씩 음식의 방향을 바꾸는 데 도움이 되길 바랍니다.

• 소금은 천일 토판염*을 사용합니다. 간수의 쓴맛이 거의 없고 부드러운 짠맛을 내며 미네랄 성분이 풍부합니다.

• 된장은 국산 유기농 콩과 토판염으로 직접 담가 먹습니다. 매년 정월에 담그고 간장을 뺀 뒤 삶은 콩을 더해 염도를 줄여 3년 미만으로 보관하면서 먹지요. 보통 3년 묵힌 된장이 맛있다고 하는데요, 숙성 기간과 맛은 개인적인 취향에 따라 다른 것 같습니다.

• 간장은 재래 간장의 경우 된장을 담그면서 간장을 뺄 수 있어 오랜 묵힌 간장을 사용하지만, 제가 항상 구비해놓는 국간장은 '인산가 죽염'이라는 브랜드의 서목태 간장입니다. 맑은 국의 간을 맞출 때나 나물 무칠 때 마늘이나 다른 양념을 전혀 넣지 않아도 좋은 맛이 납니다. 흔히 시중에서 사 먹는 간장은 된장을 뽑지 않고 만드는 개량 간장입니다. 장을 직접 담글 수 없다면 원재료와 제조 방식 그리고 숙성 방식과 기간을 따져보고 구입하세요. 국산 콩과 질 좋은 소금, 국산 고춧가루를 사용했는지 그리고 화학적인 첨가물이 들어 있지는 않은지, 자연 발효시켰는지 등을 살펴보고 구입해야 합니다.

* 갯벌을 롤러로 편평하게 다져서 만든 결정지에서 전통적인 천일제염법으로 생산하는 소금.

명품 조미료 Ⅱ

• 설탕은 홈 베이킹을 즐기는 저에게는 무척 중요한 식자재입니다. 농약과 화학비료를 뿌리지 않고 재배한 사탕수수를 이용해 화학 정제와 화학 첨가물 과정을 거치치 않고 당밀을 분리하지 않은 설탕을 사용합니다. 국내에서 구입할 수 있는 제품으로는 '무슈구슈'라는 제품이 있습니다. 부드럽고 깊은 단맛이 일품입니다. 또 조청과 메이플 시럽, 아가베 시럽, 올리고당, 꿀도 종종 사용하지요.

• 식초는 주로 생활협동조합에서 판매하는 자연 발효초로 현미 식초를 애용합니다.

• 기름은 식물성 기름만 쓰는데 가열용으로는 쌀눈유를 주로 사용하고, 생식용으로는 엑스트라 버진 올리브유와 생활협동조합에서 판매하는 생들기름, 생참기름, 호두유를 사용합니다.

이러한 명품 조미료를 모두 사용하려면 비용이 좀 드는 것이 사실입니다. 하지만 화학 첨가물이 들어간 더 많은 종류의 조미료들을 사지 않아도 되는 점이나 재료가 덜 필요해진다는 점을 고려하면 비용 차이가 생각보다 크지 않습니다. 무엇이 지혜로운 소비일까요? 나와 내 가족이 먹는 음식이라는 점을 생각한다면 안전성과 건강, 맛을 고려하여 선택할 만한 가치가 있습니다.

PART 3

채식을
즐기다 II

애호박 밥 구이

현미밥 ½공기
애호박 1개
간장 1작은술
식물성 기름·참기름 약간씩
홍고추·소금·후춧가루 약간씩

애호박 양념{다진 양파 2큰술
불린 표고버섯 다진 것 1개 분량
다진 마늘 1작은술}

1 애호박은 길게 반으로 썰어 속의 씨 부분을 숟가락으로 파내고 소금을 약간 뿌려 간이 배게 한다.

2 애호박에서 파낸 씨 부분은 칼로 잘게 다져서 애호박 양념 재료와 함께 식물성 기름에 볶는다.

3 현미밥에 볶은 2를 넣어 섞은 뒤 간장과 소금, 후춧가루로 간을 한다.

4 1의 애호박 껍질 속에 3을 채워 넣고 붓으로 참기름을 발라 180℃로 예열한 오븐에서 20분간 굽는다. 이때 윗부분이 타는 것을 방지하기 위해 알루미늄 포일을 씌운다.

5 4를 그릇에 담고 송송 썬 홍고추를 올려 낸다.

Tip 애호박은 여름철 채소로 제철에 풋풋한 향과 달큼한 맛이 깊어집니다. 매콤한 청양고추도 송송 썰어 넣으면 더욱 맛있습니다.

1

3

낫토 볶음밥

밥 2공기
마늘 2톨
쑥갓 30g
대파 ¼대
건고추 1개
식물성 기름 1큰술+약간
참기름 1큰술
낫토 1팩
통깨 1큰술
소금·후춧가루 약간씩

1 마늘은 거칠게 다진다. 쑥갓과 대파는 잘게 썰고, 건고추도 씨를 빼 거칠게 다진다.

2 다진 마늘과 식물성 기름 1큰술, 참기름 1큰술을 잘 섞은 뒤 약한 불에서 갈색이 나도록 볶는다.

3 볼에 밥을 담고 2를 기름째 전부 넣는다. 쑥갓과 대파, 건고추, 낫토, 통깨도 넣어 주걱으로 밥을 흩어가며 섞는다.

4 뜨겁게 달군 팬에 식물성 기름을 약간 두르고 3을 넣어 센 불에서 재빠르게 볶는다. 낫토에 들어 있는 양념장을 고루 끼얹고 소금과 후춧가루로 간을 맞춘다.

Tip 밥을 미리 기름에 버무렸다가 볶으면 기름도 훨씬 덜 먹고 보슬보슬한 볶음밥이 됩니다. 낫토는 생으로 먹어도 좋지만 볶아서 먹으면 특유의 냄새가 덜해 먹기가 더욱 좋습니다. 채소는 다른 것으로 대체해도 좋고, 낫토를 생략하고 볶음밥을 만들어도 좋습니다.

3

근대 그린 버터 비빔밥

밥 2공기, 근대 4장, 간장 1작은술, 감자 칩 부순 것 4큰술, 소금 약간

그린 버터{아보카도 $\frac{1}{2}$개, 미소 된장 2큰술, 맛술 1작은술}

1 근대는 소금을 약간 넣고 끓는 물에 데쳐서 얇게 송송 썬뒤 간
   장에 무친다.

2 아보카도는 다져서 다른 그린 버터 재료들과 함께 섞는다.

3 볼에 근대와 2를 담고 밥과 감자 칩 부순 것을 넣어 주걱으로
   섞는다.

> *Tip* 동물성 지방인 버터 대신 식물성 버터라고도 불리는 아보카도를 이용했습니다.
> 감자 칩은 바삭바삭한 식감을 주기 위해 넣은 것이므로 생략해도 좋습니다.

토마토 된장 국수

토마토 2개, 깻잎 2장
다시마 멸치 국물(13쪽 참조) 2컵, 소면 150g

토마토 양념{미소 된장 1큰술, 간장 2작은술
생강즙 1작은술, 고춧가루 ½작은술}

1 토마토는 사방 1cm 크기로 깍둑썰기 한다. 깻잎은 돌돌 말
   아 가늘게 채 썬다. 다시마 멸치 국물은 차갑게 한다.

2 소면은 삶아서 찬물에 행궈 건진 뒤 체에 받쳐 물기를 뺀 다
   음 그릇에 담는다.

3 토마토 양념 재료를 잘 섞은 뒤 토마토를 넣어 조물조물 무
   친다.

4 삶은 소면 위에 3의 토마토를 올리고 차가운 다시마 멸치 국
   물을 붓는다. 채 썬 깻잎을 올린다.

Tip 소면을 삶을 때 끓는 물에 면을 넣은 후 다시 한 번 끓어오를 때 찬물을 부으
면 쫄깃하게 삶을 수 있어요.

시금치 그린 카레

시금치 250g, 다진 양파 1개 분량, 다진 마늘 1작은술, 다진 생강 $\frac{1}{2}$작은술, 올리브유 1큰술, 코코넛 밀크 1컵, 난 적당량, 소금 약간

카레 소스{카레 가루 2큰술, 칠리 파우더·커민 파우더·코리앤더 파우더(생략 가능) 1작은술씩, 설탕 1큰술, 후춧가루 약간}

1 시금치는 소금을 조금 넣은 물에 데쳐서 찬물에 헹군 다음, 물기를 짜지 않고 그대로 믹서에 갈아 페이스트 상태로 만든다.

2 팬에 올리브유를 두르고 다진 양파, 마늘, 생강을 넣어 향이 나도록 볶으면서 카레 가루와 칠리·커민·코리앤더 파우더 등 카레 소스 재료를 넣고 코코넛 밀크도 넣어 섞는다.

3 2를 난과 함께 곁들여 낸다.

Tip 그린 카레나 레드 카레 페이스트는 수입 식품점에서 쉽게 구할 수 있습니다. 칠리 파우더나 커민 파우더, 코리앤더 파우더가 없다면 카레 가루의 양을 조금 더 늘립니다.

두부 카레라이스

밥 2~3공기
양파 $\frac{1}{2}$개
맛타리버섯 60g
당근·연근·단호박 100g씩
고소아게 두부 $\frac{1}{2}$모
올리브유 1큰술
다시마 표고버섯 국물(13쪽 참조)
　　$2\frac{1}{2}$컵
일본 고형 카레 1조각
카레 가루 2큰술
소금·후춧가루 약간씩

1 양파는 6등분으로 썰고, 맛타리버섯은 손으로 먹기 좋게 뜯는다. 당근, 연근, 단호박은 한입 크기보다 작게 세모꼴로 썬다. 고소아게 두부는 채소와 비슷한 크기로 네모지게 썬다.

2 달군 냄비에 올리브유를 두르고 양파와 맛타리버섯을 넣어 볶다가 기름이 조금 돌면 불을 약하게 줄인다.

3 2에 당근, 연근, 단호박과 고소아게 두부를 얹고 뚜껑을 닫아 찌듯이 조린다. 탈 수 있으므로 수분이 마른 듯하면 다시마 표고버섯 국물(분량 외)을 조금 붓는다.

4 채소가 조금 숨이 죽으면 다시마 표고버섯 국물을 $2\frac{1}{2}$컵 부어 한소끔 끓이고 일본 고형 카레와 카레 가루를 넣어 푼다.

5 걸쭉해지면 소금과 후춧가루로 간을 맞춘 뒤 밥에 끼얹는다.

Tip 고소아게 두부는 두부를 튀겨서 가공한 제품입니다. 볶거나 조려도 잘 으깨지지 않고 고소한 맛이 특징입니다.

마파 가지 덮밥

밥 2공기
가지 2개
말린 표고버섯 2개
물 1컵
식물성 기름 1큰술 + 약간
청주 2큰술
맛간장(13쪽 참조) 2큰술
참기름 약간

양념{다진 양파 $\frac{1}{2}$개 분량
다진 호두 $\frac{1}{4}$컵
다진 파 2큰술
다진 마늘 1큰술
다진 생강 1작은술
고춧가루 1큰술
된장 1작은술}

녹말물{감자 녹말 1큰술
물 2큰술}

1 가지는 사방 1.5cm 크기로 깍둑썰기 한다. 말린 표고버섯은
분량의 물에 불려 다진다. 표고버섯 불린 물은 따로 보관해
둔다.

2 식물성 기름 1큰술에 가지를 버무린다.

3 팬에 식물성 기름을 약간 두르고 양념 재료를 넣어 약한 불
에서 볶다가 향이 나면 다진 표고버섯과 2의 가지를 넣어 볶
는다.

4 가지에 기름이 돌면 1에서 보관한 표고버섯 불린 물을 붓고 청
주와 맛간장을 넣어 한소끔 끓인 뒤 녹말물을 끼얹어 걸쭉하
게 만든다.

5 4에 참기름을 떨군 뒤 밥에 끼얹는다.

Tip 가지는 기름에 볶거나 튀기면 가지의 스펀지 조직이 기름을 많이 흡수합니
다. 가지를 미리 기름에 버무렸다가 볶으면 적은 기름으로도 잘 볶아지고 깔끔한
맛을 즐길 수 있어요.

저에게는 이제 14개월이 되어가는 아들이 있습니다. 조금 전 간식으로 으깬 고구마와 사과 간 것을 섞어주었더니 만족스럽게 먹고 기분이 좋아 보입니다. 마흔을 훌쩍 넘긴 나이에 첫아이를 가지면서 젊은 엄마들처럼 여기저기 놀러 다니는 것은 잘 못 해주더라도 먹는 교육만큼은 잘 시켜야겠다고 다짐했습니다.

처음 이유식을 시작할 때 저도 역시 초보 엄마라 여러 이유식 책을 참고해야 했는데요, 모두 한결같이 하얀 쌀을 갈아서 10배의 물을 붓고 묽게 쑨 미음을 기본으로 시작해서 당근이며 감자 같은 채소를 익히고 으깨고 거른 미음을 소개하고 있었습니다. 그런데 도대체 우리 아이는 이 하얗고 풀 같은 미음을 먹어주질 않았습니다. 제가 먹어보아도 정말 맛이 없더군요. 그래서 이유식의 의미에 대해 다시 생각해보게 되었습니다.

평소 현미밥을 먹는 저는 아이도 현미밥이나 계절 채소에 친해지게 하고 싶었지요. 문제는 섬유질 성분이 집중되어 있는 현미의 외피를 아기가 소화하기는 어렵다는 것이었습니다. 어떻게 현미의 생명력 있는 영양

아기를 위한 첫 음식

만을 잘 소화, 흡수할 수 있도록 만들지 고민하며 현미 이유식을 완성했습니다. 특히 채소의 맛에 익숙해지도록 애를 썼는데 먹지 않는 채소를 억지로 먹이는 것보다는 잘 먹는 채소의 맛과 영양을 손상시키지 않는 조리 방법에 포인트를 맞추었습니다.

예를 들어 당근으로 죽을 쑬 때는 유기농 제품을 골라 깨끗하게 솔로 비벼 씻은 다음 껍질째 쪄서 곱게 다져 넣습니다. 어차피 체에 거를 텐데, 껍질째 조리하는 게 무슨 소용이냐고 생각할 수 있겠지만 껍질을 깎은 당근의 맛과 향은 껍질째 조리한 것과는 전혀 다릅니다. 단, 감자나 마, 오이, 고구마같이 껍질에서 싹이 나오거나 껍질이 질기고 까칠까칠한 채소는 껍질을 벗겨야겠지요.

우리 아이는 이제 이유식을 마쳤으니 더 다양한 채소를 맛보게 하고 그중에서 자신이 좋아하는 것과 제철 채소 위주로 먹이려고 합니다.

되도록 자연에 가까운 음식 맛에 길들고, 그 음식이 아이의 몸을 건강하게 만들어주길 바랍니다. 자연이 주는 생명 에너지가 아이와 소통하길 바라면서 오늘도 아이를 위한 음식을 만들고 있습니다.

브로콜리 스파게티

스파게티 160g, 브로콜리 ½개, 느타리버섯 100g, 건고추 1개, 마늘 2톨, 올리브유 2큰술, 화이트 와인 ¼컵, 홀 토마토 통조림 240g, 엑스트라 버진 올리브유 약간, 소금 약간

1 브로콜리는 모양을 살려 봉우리와 대를 얇게 저며 썬다. 느타리버섯은 먹기 좋게 찢는다. 건고추는 가위로 얇게 송송 자르고, 마늘은 얇게 저민다.

2 스파게티는 포장지에 제시된 시간 동안 끓는 물에 소금을 약간 넣고 삶는다. 면 속의 심이 살짝 남을 정도에 건져둔다.

3 팬에 올리브유를 두르고 마늘과 건고추를 넣어 향이 나도록 볶다가 브로콜리를 넣어 볶는다. 브로콜리가 어느 정도 익으면 느타리버섯을 넣어 함께 볶는다.

4 3에 화이트 와인을 끼얹고 홀 토마토를 넣어 주걱으로 으깨어가며 걸쭉해질 때까지 끓인다.

5 4에 삶은 스파게티를 넣어 볶는다. 뻑뻑하면 스파게티 삶은 물을 몇 숟가락 넣고 볶는다.

6 5를 불에서 내린 후 엑스트라 버진 올리브유를 뿌린다.

1

Tip 브로콜리는 봉오리를 나누어 익히려면 시간이 걸립니다. 얇게 저며 썰면 바로 볶아도 충분히 익고 영양 손실도 적습니다.

마늘종 알리오 올리오 스파게티

**스파게티 160g, 건고추 2개, 마늘종 10대, 꽈리고추 10개
홍피망 $\frac{1}{3}$개, 올리브유 3큰술, 화이트 와인 4큰술, 간장 1큰술
소금·후춧가루 약간씩**

1   건고추는 손으로 잘게 부수고, 마늘종은 슬라이서로 길게 저
민다. 꽈리고추는 길게 갈라 씨를 털어 채 썰고, 홍피망도 씨
를 털어 채 썬다.

2   스파게티는 포장지에 제시된 시간 동안 끓는 물에 소금을
약간 넣고 삶는다. 면 속의 심이 살짝 남을 정도가 되면
건져둔다.

3   팬에 올리브유를 두르고 약한 불에서 건고추를 살짝 볶는다.

4   3에 마늘종과 꽈리고추, 홍피망을 차례로 넣어가며 볶다가
삶은 스파게티를 넣어 볶는다.

5   4에 화이트 와인을 넣어 알코올 성분이 날아갈 정도로 볶으
며 간장과 소금, 후춧가루로 간을 맞춘다.

메밀 국수 볶음

건조 메밀 국수 150g, 쑥갓 60g, 양파 $\frac{1}{2}$개, 생유부 3장, 마늘 2톨, 식물성 기름 약간, 청주 2큰술, 맛간장(13쪽 참조) 4큰술, 소금 약간

1 쑥갓은 3~4cm 길이로 썰고 굵은 대는 반으로 가른다. 양파 는 1cm 정도 너비로 썬다. 생유부는 1cm 정도 너비로 길쭉 하게 썰고, 마늘은 얇게 저민다.

2 건조 메밀 국수는 포장지에 제시된 시간에서 1분 정도 덜 삶 아 건져둔다.

3 팬에 식물성 기름을 두르고 마늘과 양파를 넣어 볶다가 생유 부를 넣어 볶는다. 마지막으로 쑥갓을 넣어 볶는다.

4 3에 삶은 메밀 국수를 넣어 함께 볶으면서 청주와 맛간장으 로 간을 맞추고 부족한 간은 소금으로 하여 불에서 내린다. 통깨를 뿌려 내도 좋다.

Tip 메밀 특유의 쌉쌀한 맛이 다른 채소들과 어우러져 풍미가 좋습니다.

녹두 국수 볶음

건조 녹두 국수 80g
숙주 150g
홍피망 $\frac{1}{4}$개
부추 60g
양파 $\frac{1}{2}$개
당근 3~4cm 1토막
목이버섯 10g
고추기름·참기름 $\frac{1}{2}$큰술씩
식물성 기름 $\frac{1}{2}$큰술
다진 마늘 1작은술
청주 2큰술
맛간장(13쪽 참조) 2큰술
스위트 칠리소스 1큰술
레몬즙 1큰술
소금·후춧가루 약간씩

1 숙주는 머리와 꼬리를 떼어 줄기만 준비하고, 홍피망과 부추는 3~4cm 길이로 썬다. 양파는 1cm 너비로 길쭉하게 썬다. 당근은 1×3~4cm 크기의 골패 모양으로 납작하게 썬다. 목이버섯은 불려서 먹기 좋은 크기로 썬다.

2 녹두 국수는 10분 정도 물에 불린 다음, 끓는 물에 6~7분간 삶아 찬물에 헹군 뒤 체에 밭쳐 물기를 뺀다.

3 팬에 고추기름과 참기름, 식물성 기름을 넣고 다진 마늘을 넣어 향이 나도록 볶다가 당근, 양파, 목이버섯, 홍피망, 숙주, 부추의 순서대로 넣어가며 볶는다.

4 채소에 기름이 돌면 녹두 국수를 넣어 같이 볶으면서 청주와 맛간장, 스위트 칠리소스, 레몬즙을 넣어 맛을 내고 소금과 후춧가루로 간한다.

Tip 녹두 국수는 '멍빈 누들'이라는 이름으로 동남아시아권에서 즐겨 먹는 국수입니다. 칼로리가 낮아 다이어트 식품으로도 좋습니다.

중국식 채소 냉라면

라면 2개, 오이 $\frac{1}{4}$개, 셀러리 $\frac{1}{2}$대, 양파 $\frac{1}{2}$개
방울토마토 4개, 생유부 2장, 건미역 10g

소스{다진 파 2큰술, 두반장 1작은술, 맛간장(13쪽 참조) 4큰술, 레몬즙 3큰술
올리고당 $\frac{1}{2}$큰술, 참기름 1큰술, 통깨 약간}

1 오이는 3~4cm 길이로 얇게 어슷썬다. 셀러리는 슬라이서로
   얇게 저미고, 양파는 채 썬다. 방울토마토는 0.5cm 두께로 둥
   글게, 생유부는 1cm 너비로 길쭉하게 썬다. 건미역은 물에
   불려 먹기 좋은 크기로 썬다.

2 라면은 끓는 물에 꼬들꼬들하게 삶아 찬물에 씻은 후 체에
   밭쳐 물기를 뺀다.

3 소스 재료를 골고루 섞어둔다.

4 그릇에 삶은 라면을 담고 오이, 셀러리, 양파, 방울토마토,
   생유부, 건미역을 올리고 3의 소스를 끼얹어 비벼 먹는다.

Tip 이름은 중국식이지만 일본에서 여름에 즐겨 먹는 국수 요리입니다. 라면을
꼬들꼬들하게 삶는 것이 중요합니다.

된장 칼국수

생칼국수 2인분, 감자 1개, 단호박 120g, 풋고추 1개
홍고추 $\frac{1}{2}$개, 대파 1대, 말린 다시마(5×5cm) 1장
국물용 멸치 3~4개, 물 3$\frac{1}{2}$컵, 된장 2큰술

1 감자는 1cm 두께의 반달 모양으로 썬다. 단호박은 1.5cm 두
   께, 3~4cm 폭의 은행잎 모양으로 썬다. 풋고추와 홍고추, 대
   파는 어슷하게 썬다.

2 냄비에 말린 다시마와 국물용 멸치, 분량의 물을 넣고 약한
   불에서 15분 정도 끓여 국물을 우린다.

3 2에서 다시마와 멸치를 건져낸다. 멸치는 버리고 다시마는
   채 썰어 다시 국물에 넣은 다음 된장을 푼다.

4 3에 감자와 단호박을 넣어 끓인다.

5 감자가 익으면 밀가루를 털어낸 생칼국수, 풋고추, 홍고추
   를 넣어 칼국수가 익도록 끓인다. 마지막에 대파를 넣고 불
   에서 내린다.

Tip 강원도식 칼국수입니다. 된장을 심심하게 풀고 건더기는 소박하게 넣어야 제
맛이 납니다. 국물을 우릴 때 물이 끓기 시작한 후 다시마는 5분 정도, 멸치는 10
분 정도 있다가 건지면 더 깔끔한 맛을 낼 수 있어요.

간장 비빔국수

소면 150g, 묵은 배추김치 100g, 오이 ⅓개
쪽파 4대, 무 간 것 2큰술, 통깨 약간

간장 소스{맛간장(13쪽 참조) 4큰술, 물 2큰술
매실 농축액 1큰술, 참기름 약간}

1 묵은 배추김치는 물에 양념을 씻어낸 다음 물기를 짜고 잘게
송송 썬다.

2 오이는 채 썰고, 쪽파는 송송 썬다.

3 소면은 삶아서 물기를 뺀 다음 간장 소스 재료를 잘 섞어 넣
어 버무린다.

4 3의 소면을 그릇에 담고 배추김치와 오이, 쪽파, 무 간 것을
올린다. 마지막으로 통깨를 뿌려 낸다.

미역 들깨 메밀 수제비

말린 미역 20g
다진 마늘 1작은술
들기름 1큰술
물 3컵
들깻가루 3큰술
국간장 1큰술
소금·실고추 약간씩

수제비 반죽{메밀가루 70g
밀가루 30g
물 2½컵}

1 말린 미역은 물에 부드럽게 불려 먹기 좋게 썬다.

2 달군 냄비에 들기름을 두르고 다진 마늘과 미역을 넣어 달달 볶다가 분량의 물을 붓는다. 뽀얀 국물이 우러나도록 20분 정도 끓인다.

3 수제비 반죽 재료의 메밀가루와 밀가루를 볼에 넣어 섞고 물을 넣은 뒤 고루 치대어 반죽한다.

4 3의 반죽을 한입 크기로 뜯으며 2의 끓는 국물에 넣고 5분 정도 더 끓인다.

5 4에 들깻가루를 풀고 국간장과 소금으로 간을 맞춘 다음 그릇에 담는다. 실고추를 뿌려 낸다.

Tip 메밀가루의 제품 성분 표시를 보고 메밀가루에 밀가루가 이미 섞인 것이라면 따로 밀가루를 넣을 필요 없이 물만 넣어 반죽하면 됩니다.

제주 땅콩밥

제주 땅콩 $\frac{1}{2}$컵, 현미밥 2공기, 마늘 2톨, 홍고추 1개, 참나물 80g,
식물성 기름 적당량, 소금·후춧가루 약간씩

양념장{고춧가루 1작은술, 간장 $\frac{1}{2}$큰술, 설탕 $\frac{1}{2}$작은술, 참기름·통깨 약간씩}

1 마늘은 저미고, 홍고추는 얇게 송송 썬다. 참나물은 깨끗이 씻
  어 4~5cm 길이로 썬다.

2 팬에 식물성 기름을 1cm 높이만큼 붓고 차가운 상태에서부터
  제주 땅콩을 껍질째 넣어 튀긴다. 중간 불에서 땅콩에 갈색이
  돌 때까지 튀겨 건진다.

3 땅콩을 건져낸 기름에 저민 마늘을 넣어 바삭하게 튀겨 건진다.

4 참나물은 양념장에 무친다.

5 현미밥에 튀긴 땅콩, 튀긴 마늘, 송송 썬 홍고추를 넣어 섞고 소
  금과 후춧가루로 간을 하여 그릇에 올린다. 참나물 무침을 곁
  들여 낸다.

Tip 제주 땅콩은 더 정확히 말하면 제주 오도에서 재배하는 땅콩입니다. 일반 땅콩보
다 키가 작고 동글동글하며 고소한 맛이 일품이지요. 제주 땅콩이 없으면 일반 땅콩을
사용해도 좋습니다.

요리 수업을 하다 보면 자주 받는 질문이 있습니다. "선생님! 그거 어디서 사
셨어요?" 제가 사용하는 조리 도구에 관한 것입니다. 냄비며 도마, 고무 주
걱, 스테인리스 볼과 바트 등 꼭 제가 사용하는 그것을 사용해야 요리를 잘
할 수 있을 것 같다고들 하십니다.

벌써 10년이 넘게 요리를 하면서 참 많은 도구들을 사용하기도, 버리기도 했
습니다. 그런데 10년 넘게 계속 애용하는 도구는 몇 개 되지 않습니다. 국내
에서 구입할 수 있는 것은 옥소 제품인데요, 옥소의 조리 도구는 거품기나
계량컵 이외에도 타이머나 뒤집개도 편리합니다. 손에 쥐었을 때 안정감이
있어 실용적인 디자인과 기능이 모두 만족스러운 제품입니다.

요리를 할 때 꼭 필요한 도구가 냄비와 프라이팬이죠. 정말 국내에서 내로라하는 제품은 다 사용해보았습니다. 그러다 몇 년 전 샐러드마스타 제품을 접하고는 가격이 만만치 않아서 구입을 망설였는데 "다른 분은 몰라도 마크로비오틱 요리하시는 이 선생님은 꼭 쓰셔야 해요"라며 적극 추천을 받아 속는 셈치고 써보았습니다. 그랬더니 그동안 정말 내가 무지했구나 하는 생각마저 들었습니다.

스테인리스 냄비는 음식이 닿는 부분과 열기구가 닿는 바닥 부분이 스테인리스로 이뤄져 있으며 그 안은 열전도율을 높이기 위해 여러 가지 중금속을 넣어 만듭니다. 그러면 열을 가할 때 그 안에 있는 중금속들이 빠져나오지요. 실제로 우리가 사용하는 스테인리스와 무쇠, 법랑, 테프론 가공 제품 등 많은 것들이 중금속에서 자유롭지 못합니다. 한번은 실험 과정을 보며 '건강에 좋은 요리를 한다며 유기농 농산물에, 음양 조리법을 연구하는 내가 오염된 음식을 만들고 있었구나' 하며 크게 후회한 적도 있었습니다. 그 중금속의 걱정에서 저를 자유롭게 한 제품이 샐러드마스타 냄비였습니다.

샐러드마스타는 조리 과정 중 식자재에 가해지는 염분이나 산, 열 등의 조건에 거의 변화를 일으키지 않아 식자재 본연의 맛과 색, 영양을 그대로 유지합니다. 또한 음과 양의 식자재가 한 냄비 안에서 동일한 시간에 익고 각각의 특성이 그대로 반영되어 식자재 본연의 맛을 최대한 이끌어내어 건강과 맛을 챙기는 마크로비오틱 요리에도 적합합니다. 내 몸과 마음을 행복하게 만드는 건강 식생활을 지향하는 분은 꼭 한번 경험해보셨으면 하는 바람입니다.

내가 좋아하는
조리 도구

PART 4

채식으로
한 상 차리다

곤약 콩나물 볶음

실곤약 200g, 콩나물 150g, 부추 80g, 불린 목이버섯 30g, 다진 마늘 1작은술, 식물성 기름 적당량, 맛간장(13쪽 참조) 4큰술, 올리고당 1큰술, 참기름·소금 약간씩

1 실곤약은 끓는 물에 소금을 약간 넣고 3분 정도 삶아 찬물에 헹군 뒤 체에 밭쳐 물기를 뺀다. 콩나물은 깨끗이 다듬어 물기를 빼둔다. 부추는 3~4cm 길이로, 목이버섯은 먹기 좋은 크기로 썬다.

2 달군 팬에 식물성 기름을 두르고 다진 마늘과 실곤약을 넣어 실곤약이 꼬들꼬들해질 때까지 볶는다.

3 2에 콩나물, 목이버섯을 넣어 콩나물이 익을 때까지 볶는다.

4 맛간장과 올리고당을 넣어 간을 맞추고 부추를 넣어 섞은 다음 불에서 내린다. 마지막으로 참기름을 뿌린다.

부추 팽이버섯 땅콩버터 무침

부추(150g)는 끓는 물을 끼얹어 숨을 죽인 다음 식으면 물기를 짜 먹기 좋은 길이로 썰고, 팽이버섯(1봉지)은 길이로 3등분한 다음 무침 양념(땅콩버터 1작은술, 간장 2큰술, 고추기름·참기름 ½작은술씩, 설탕·식초 1작은술씩)에 조물조물 무친다.

양배추 유부 깻잎 무침

양배추 ⅛개, 당근 3cm 1토막, 생유부 4장, 깻잎 4장, 소금 약간

무침 양념{맛간장(13쪽 참조) 2큰술, 레몬즙 1큰술, 설탕·깨소금 1작은술씩}

1 양배추는 사방 4~5cm 크기의 네모 모양으로, 당근은 얇은 반달 모양으로 썬다. 생유부는 끓는 물을 끼얹어 기름기를 제거한 뒤 물기를 짠다. 깻잎은 돌돌 말아 곱게 채 썬다.

2 양배추와 당근은 소금을 약간 뿌린 뒤 무거운 누름돌 같은 것으로 눌러 30분 이상 둔다.

3 생유부는 마른 팬에 앞뒤로 바삭하게 구워 굵게 채 썬다.

4 양배추와 당근의 물기를 꼭 짠 다음 구운 유부와 함께 섞어 무침 양념 재료로 버무린다.

5 4를 그릇에 담아 깻잎을 소복하게 올려 낸다.

Tip 생유부는 진한 갈색이 돌도록 바삭하게 구워야 채소와 무쳤을 때 퍼지지 않고 맛있습니다.

감자 오이 코코넛 무침

감자 2개, 오이 1개
식물성 기름 1큰술, 코코넛 채 2큰술, 소금 약간

무침 양념{피시 소스 $\frac{1}{2}$큰술, 송송 썬 홍고추 $\frac{1}{2}$개 분량
다진 마늘·레몬즙 1작은술씩}

1 감자는 새끼손가락 정도의 막대 모양으로 썬다.

2 깨끗이 씻은 오이는 비닐봉지에 넣어 홍두깨로 살살 두들겨
먹기 좋은 크기로 부순다.

3 팬에 식물성 기름을 두르고 감자를 갈색 빛이 돌 때까지 볶
다가 뚜껑을 덮고 약한 불에서 푹 익힌다. 탈 것 같으면 물을
조금씩 끼얹어가며 익힌다.

4 볼에 무침 양념 재료를 모두 담아 잘 섞은 다음 익힌 감자와
오이, 코코넛 채를 넣고 버무린다. 소금으로 모자란 간을 맞
춘다.

Tip 코코넛 과육을 말려 채 친 코코넛 채는 제과 제빵 재료 전문점이나 대형 마트
홈 베이킹 코너에서 구입할 수 있습니다.

곶감 무 매실장아찌 무침

곶감말랭이 4개, 무 6~7cm 1토막, 매실장아찌 3알

무침 양념{식초 3큰술, 설탕·국간장 1작은술씩, 소금 $\frac{1}{3}$작은술}

1 곶감말랭이는 3~4등분으로 썬다. 무는 곱게 채 썰고, 매실
  장아찌는 먹기 좋은 크기로 썬다.

2 무침 양념 재료를 잘 섞어 채 썬 무에 넣고 조물조물 무친다.
  무에서 배어나온 물기는 살짝 짜낸다.

3 2에 곶감말랭이와 매실장아찌를 넣고 버무려 맛이 어우러지
  게 잠시 두었다가 먹는다.

Tip 곶감말랭이는 단맛이 응축되어 있어 요리에 설탕을 많이 넣지 않아도 충분히
단맛을 낼 수 있어요. 가을에 감을 말려두어도 좋고, 일반 대형 마트 등에서 말린
제품을 구입할 수도 있어요.

우엉 밤 계피 조림

우엉 $\frac{1}{2}$개, 밤 6개, 원당(또는 유기농 흑설탕) 3큰술, 식물성 기름 적당량

조림장{간장 2$\frac{1}{2}$큰술, 화이트 와인 2큰술, 계핏가루 약간, 물 1컵}

1 우엉은 3cm 길이로 썰어 서너 군데 비스듬하게 칼집을 넣는 다. 밤은 속껍질까지 벗기고, 큰 것만 반으로 썬다.

2 달군 팬에 식물성 기름을 두르고 우엉과 밤을 넣어 진한 갈 색이 날 때까지 볶는다.

3 2에 원당을 뿌리고 불을 줄여 볶으면서 진득한 캐러멜 상태 를 만든다.

4 조림장 재료를 잘 섞어 3에 넣고 수분이 거의 없어질 때까지 조린다.

Tip 원당은 사탕수수 즙에서 정제 과정을 거치지 않고 분쇄하여 만든 설탕입니다. 미량영양소인 미네랄 성분이 풍부하고 당 지수가 낮아 당뇨 환자에게 좋습니다.

우엉 양파 고추장 볶음

우엉 1개, 양파 1개, 마늘 2톨, 참기름·식물성 기름 1큰술씩, 통깨 약간

양념장(간장 2큰술, 고추장·올리고당·청주 1큰술씩, 설탕 1작은술)

1 우엉은 칼등으로 살살 껍질을 벗겨 연필 깎듯이 칼로 길쭉하
   게 저민다. 양파는 채 썰고, 마늘은 저민다.

2 달군 팬에 참기름과 식물성 기름을 두르고 마늘과 양파를 넣
   어 볶는다.

3 양파가 숨이 죽으면 우엉을 넣어 함께 볶다가 양념장 재료를
   넣어 섞는다. 마지막으로 통깨를 뿌려 낸다.

1

두부 고사리 카나페

삶은 고사리 200g, 얼린 두부 1모, 밀가루 적당량, 식물성 기름 1½큰술+적당량, 청주 2큰술, 국간장·간장 1큰술씩, 참기름·통깨 약간씩

양념{다진 파 2큰술, 고춧가루 1큰술, 다진 마늘 1작은술}

1 삶은 고사리는 4~5cm 길이로 썬다. 얼린 두부는 해동해 물
  기를 닦는다.

2 두부를 1cm 두께로 납작하게 썰어 밀가루를 얇게 묻힌다.

3 달군 팬에 식물성 기름을 넉넉히 두르고 두부를 올려 앞뒤로
  노릇하게 지진 다음 접시에 건져둔다.

4 팬에 식물성 기름 1½큰술을 두르고 양념 재료를 잘 섞어 넣
  어 향이 나도록 볶다가 고사리를 넣어 함께 볶는다. 청주와
  국간장, 간장으로 간을 하고 불에서 내린다.

5 4에 참기름을 넣어 향을 낸 다음 두
  부 위에 얹고 통깨를 뿌린다.

Tip 얼렸다가 해동한 두부는 스펀지 같아서 식
감이 쫄깃하고 양념도 잘 뱁니다.

표고버섯 다시마 팔각 조림

말린 표고버섯 6개, 말린 다시마(5×10cm) 1장
팔각 1개, 건고추 1개, 물 2컵

조림장(간장 2큰술, 올리고당·청주 1큰술씩, 설탕 1작은술)

1 말린 표고버섯은 기둥을 떼어 물에 불린다. 말린 다시마도
　　물에 불린다. 불린 물은 남겨서 다른 요리에 활용한다.

2 불린 표고버섯은 3~4등분으로 저며 썰고, 불린 다시마는 채
　　썬다.

3 냄비에 표고버섯과 다시마를 넣고 팔각과 건고추, 조림장 재
　　료를 모두 넣은 뒤 국물이 약간 걸쭉해질 때까지 조린다.

　Tip　다른 요리를 하면서 국물을 우리고 남은 표고버섯과 다시마가 있을 때 활용
하기 좋은 레시피입니다. 중국 요리에 많이 사용하는 향신료인 팔각은 배뇨작용과
식욕을 촉진하는 재료입니다.

단호박말이

단호박 100g, 물 3~4큰술, 다진 양파·다진 당근 $\frac{1}{2}$큰술씩
두유 1컵, 밀가루 $\frac{3}{4}$컵, 베이킹파우더 $\frac{1}{2}$작은술
물·식물성 기름 적당량씩, 소금·후춧가루 약간씩

1 단호박은 껍질을 벗겨 숭덩숭덩 썬다.

2 냄비에 단호박과 물, 소금 약간을 넣고 뚜껑을 닫아 약한 불
   에서 푹 익힌 다음 곱게 으깬다.

3 식물성 기름을 두른 팬에 다진 양파와 다진 당근을 넣고 소
   금과 후춧가루를 약간 뿌려가며 볶는다.

4 2와 3, 두유, 밀가루, 베이킹파우더를 모두 고루 섞고 소금과
   후춧가루로 간을 한다.

5 팬에 식물성 기름을 두르고 4를 조금씩 부어가며 달걀말이
   하듯이 돌돌 말아가며 부친다.

병아리콩 완자 조림

삶은 병아리콩 2컵
양파 $\frac{1}{2}$개
당근 3~4cm 1토막
호두·캐슈너트 $\frac{1}{2}$컵씩
부추 4줄
달걀 1개
밀가루 5큰술
식물성 기름 적당량
소금·후춧가루 약간씩

조림장{간장·물 3큰술씩}
조청 2큰술
청주 1큰술
생강즙 1작은술
발사믹 식초 $\frac{1}{2}$큰술}

녹말물{감자 녹말 1큰술
물 2큰술}

1 양파, 당근, 호두, 캐슈너트를 커터에 넣고 다진다. 캐슈너트가 없다면 호두의 양을 늘린다.

2 1에 삶은 병아리콩, 다진 부추, 달걀, 밀가루를 추가해 곱게 다지면서 섞는다. 중간에 소금과 후춧가루로 간을 하여 반죽을 완성한다.

3 2의 반죽을 지름 4~5cm 크기로 동글납작하게 빚어 식물성 기름을 두른 팬에서 앞뒤로 노릇노릇하게 굽는다.

4 조림장 재료를 잘 섞어 3에 붓고 5분 정도 조린 다음 불을 줄인다. 녹말과 물을 섞어 만든 녹말물을 조금씩 끼얹으며 약한 불에서 걸쭉하게 끓여 3에 끼얹는다.

Tip 건조한 병아리콩을 사용할 경우(건조 병아리콩 1컵을 불리면 2$\frac{1}{2}$컵) 하룻밤 물에 불린 후 냄비에 2배의 물과 약간의 소금을 넣어 1시간 정도 삶아야 합니다. 병아리콩은 치크피콩이라고도 하는데 중동 지방 요리에 자주 사용되는 콩입니다. 건조한 것과 삶아서 포장한 통조림 제품이 판매됩니다.

매콤한 두부구이

두부 1모, 소금 약간, 올리브유 적당량

양념 A{간장 2큰술, 양파 간 것 2큰술, 다진 마늘 1작은술, 후춧가루 약간}
양념 B{옥수수 녹말·박력분 1½큰술씩, 고춧가루 ⅔큰술, 흑임자·통깨 1큰술씩, 소금·후춧가루 약간씩}

1 두부는 6등분해서 육면체로 썬 다음 소금을 약간 뿌린 뒤 무거운 것을 올려 1시간 정도 눌러둔다.

2 양념 A와 양념 B의 재료를 각각 섞어둔다.

3 1의 두부는 물기를 제거한 뒤 양념 A에 20분 정도 재운다. 중간에 뒤집어가며 고루 간이 배게 한다.

4 3의 두부를 양념 B에 버무린다.

5 팬에 올리브유를 두르고 4를 올려 중간 불에서 양면이 노릇하게 굽는다.

Tip 두부의 물기를 쪽 뺀 다음 만들어야 제맛이 납니다. 옥수수 녹말은 감자 녹말로 대체해도 좋습니다.

브로콜리 느타리버섯 흑임자 무침

브로콜리 $\frac{1}{2}$개, 느타리버섯 100g
찹쌀가루·밀가루 2큰술씩, 식물성 기름 적당량

무침 양념{흑임자 3큰술, 꿀 1큰술, 간장 1작은술
참기름 $\frac{1}{2}$큰술, 소금 $\frac{1}{3}$작은술}

1 브로콜리는 통째로 찜기에서 3~4분 정도 쪄 식힌 뒤 얇게 썬다.

2 느타리버섯은 먹기 좋은 크기로 찢는다.

3 찹쌀가루와 밀가루를 섞어 느타리버섯에 골고루 얇게 묻힌다.

4 식물성 기름을 넉넉히 두른 팬에 느타리버섯을 넣어 골고루
바삭하게 구워 건져둔다.

5 절구에 무침 양념의 흑임자를 넣어 곱게 빻은 뒤 다른 재료
들을 차례대로 넣어가며 섞는다.

6 5에 브로콜리와 느타리버섯을 넣어 살살 버무려 낸다.

Tip 느타리버섯 대신 새송이버섯으로 만들
어도 좋습니다.

저는 냉장고를 4개나 가지고 있습니다. 그 안에는 전쟁이 나도 3개월은 먹고살 것이 있겠다고 우스갯소리를 할 정도로 음식이 차 있습니다. 이렇게 냉장고에 음식이 많이 들어 있는 이유는 잦은 요리 촬영 때문이기도 합니다. 촬영이란 게 딱 1~2인분 정도만 음식을 만들면 되는데, 재료 구입 단위는 4~6인분 기준이니 항상 남을 수밖에요. 평소 최소한의 살림으로 공간의 여유가 있고, 음식 쓰레기가 없으며, 냉장고가 홀랑홀랑한 상태이길 원하는 저였는데, 오히려 정반대인 생활을 하고 있으니 항상 마음이 무겁습니다.

일본에서 생활할 때 놀란 것이 바로 이런 점이었습니다. 일본 주부들은 웬만해서는 반찬을 남겨서 냉장고에 넣지 않았습니다. 재료 구입도 항상 그날 먹을 만큼만, 요리도 하루 분량만 만들어서 먹고 음식물이 남지 않도록 애쓰는 모습이 참 좋아 보였습니다.

지방에 사는 동생네 집에 가면 올케에게서도 배울 점이 참 많습니다. 물건을 살 때는 정말 필요한지 오래 생각해서 구입하고 1년 이상 사용하지 않은 물건은 과감하게 처분합니다. 그래서 항상 집이 깨끗하고 훨씬 넓어 보입니다. 올케는 손맛이 있어 요리도 곧잘 하는데 냉장고는 항상 홀랑홀랑합니다. 오죽하면 초등학교 5학년생인 조카가 "우리 집 냉장고에는 먹을 게 없어"라며 투덜댈까요. 장을 볼 때 꼭 이틀치만 사고 남으면 그 재료가 다 없어질 때까지 장을 보지 않는다고 합니다. 조리하기 좋게 썰어놓은 파나 고추가 냉동실에 들어 있을 뿐 냉동실마저 별것 없습니다. 올케를 보면 부족한 듯 사서 먹고 남기지 않는 습관이 건강하고 친환경적인 식생활의 바탕임을 느낍니다.

얼마 전 책장을 하나 마련했습니다. 새로 구입하는 대신 튼튼해 보이는 아기 기저귀 박스 두 개를 위아래로 겹쳐놓고 책을 꽂아보았더니 꽤 쓸 만하더군요. 좀 궁색해 보일지 몰라도 나중에 버리기에도 부담 없겠다 싶어 참 흐뭇했습니다. 촬영하고 나서 남은 재료는 응용 요리를 만들어 빨리 소비하려고 합니다. 일이 없는 날에는 장을 보지 않고 남은 재료로만 요리를 해서 먹고요. 이렇게 노력하다보면 살림과 냉장고를 다이어트 하는 일이 내 몸과 마음 그리고 라이프스타일까지 날씬하게 만든다는 생각이 듭니다. 더 나아가 친환경적인 생활도 가능해지는 것 아닐까요. 독자 여러분은 어떠신가요?

묵은 김치 고구마 표고버섯 조림

묵은 배추김치 $\frac{1}{4} \sim \frac{1}{3}$ 포기
밤고구마 중간 크기 2개, 말린 표고버섯 10~12개
물 3컵, 말린 다시마(5×5cm) 1장

1 묵은 배추김치는 잎을 떼고 소와 양념을 대충 털어낸다. 밤
  고구마는 껍질째 1.5cm 두께로 동글동글하게 썬다. 말린 표
  고버섯은 기둥을 떼고 물 3컵에 불린다.

2 손질한 배추김치를 도마에 길쭉하게 펼치고 그 위에 고구마
  와 불린 표고버섯을 1개씩 올려 돌돌 만다.

3 냄비에 말린 다시마를 깔고 2를 돌려 담은 후 말린 표고버섯
  불린 물을 붓는다.

4 뚜껑을 닫고 30분 정도 조린다. 도중에 국물이 부족하면 물
  을 조금씩 더해준다.

Tip 청담동의 한 가정 요리 선생님이 가르쳐주신 메뉴입니다. 김치 맛이 밴 표고
버섯이 일품입니다. 여기에 수육용 돼지고기를 더한 김치찜이 오리지널 메뉴인데
꼭 한 번 만들어볼 만합니다.

2

두부 채소 볶음

두부 $\frac{1}{2}$모, 양파 $\frac{1}{4}$개, 당근 3cm 1토막, 청피망·홍피망 $\frac{1}{4}$개씩, 알배기 배춧잎 3~4장, 다진 마늘 $\frac{1}{2}$큰술, 청주 2큰술, 맛간장(13쪽 참조) 3큰술, 식물성 기름 적당량, 소금·후춧가루·참기름 약간씩

1 두부는 1.5cm 두께로 납작하게 썰고, 양파는 1cm 너비로 길쭉하게 썬다. 당근은 1×3cm 크기의 골패 모양으로 썬다. 청피망과 홍피망은 사방 3~4cm 크기의 네모 모양으로 썰고, 알배기 배춧잎도 같은 크기로 썬다.

2 달군 팬에 식물성 기름을 두르고 두부가 골고루 노릇해지도록 앞뒤로 구워 건져둔다.

3 팬에 다시 식물성 기름을 두르고 다진 마늘과 양파, 당근을 넣어 볶는다.

4 3의 채소가 살짝 익기 시작하면 구운 두부와 청피망, 홍피망, 배춧잎을 넣어 함께 볶는다.

5 4의 채소가 모두 익으면 청주를 뿌리고 맛간장과 소금, 후춧가루로 간을 맞추어 조금 더 볶는다.

6 5를 불에서 내린 후 참기름을 떨어뜨린다.

Tip 냉장고에 있는 자투리 채소로 볶음 요리를 할 때 두부를 곁들이면 고소한 맛도 좋고 포만감도 느낄 수 있습니다.

바삭바삭 두부 만두구이

부침용 두부 $\frac{1}{2}$모
대파 2대
만두피 10장
식물성 기름 적당량

양념 A{된장 $\frac{1}{2}$컵
청주 2큰술
유자청 $\frac{1}{2}$큰술}

양념 B{밀가루 $1\frac{1}{2}$큰술
물 $3\frac{1}{2}$큰술}

1 두부는 무거운 것으로 30분 정도 눌러두어 물기를 뺀다.

2 양념 A 재료를 잘 섞어 두부에 전체적으로 바른 다음 용기에 담아 냉장고에서 하룻밤 재운다.

3 대파는 1cm 길이로 썬 뒤 식물성 기름을 두른 팬에 숨이 죽도록 볶는다.

4 두부에 묻은 된장을 씻어낸 다음 사방 1cm 크기로 깍둑썰기해서 대파와 섞는다.

5 만두피에 4를 올려 만두를 빚은 다음 식물성 기름을 두르고 달군 팬에 노릇노릇하게 지진다.

6 양념 B 재료를 섞어서 5의 팬 가장자리에 부어 고루 흘려보내며 센 불에서 바짝 굽는다.

Tip 치즈가 우유의 단백질을 굳힌 것이라면 두부는 콩의 단백질을 굳힌 것이지요. 두부를 치즈 느낌으로 먹을 수 있도록 만든 요리입니다.

제4의 시간
PART 4
채소으로 한 상 차리다

더덕 유자 소스 찹쌀구이

더덕 6개
찹쌀가루·식물성 기름 적당량씩
잣 1큰술

유자 소스(유자청 1큰술
청양고추 1개
청주·물 1½큰술씩
소금 약간)

1 더덕은 칼로 껍질을 벗긴 뒤 홍두깨로 자근자근 두들겨 납작
하게 편다.

2 유자 소스의 유자청과 청양고추는 곱게 다져서 나머지 재료
와 함께 섞는다.

3 더덕에 2를 붓으로 발라 10분 정도 간이 배도록 둔 다음 찹
쌀가루를 얇게 묻힌다.

4 팬에 식물성 기름을 두르고 약한 불에서 3을 앞뒤로 노릇하
게 지진다.

5 곱게 다진 잣가루를 뿌려서 완성한다.

Tip 더덕을 너무 세게 두드리면 끈적끈적
한 진액이 빠져나오니 적당한 힘으로 두드
려 폅니다.

채소 콩조림

대두 $\frac{1}{2}$컵, 말린 표고버섯 2개, 말린 다시마(5×5cm) 1장, 물 $2\frac{1}{2}$컵, 당근 3cm 1토막, 연근 2cm 1토막, 곤약 100g, 조청 2큰술

조림장{간장·청주 2큰술씩, 소금 약간}

1 대두는 물 $1\frac{1}{2}$컵에 담가 하룻밤 불린다. 말린 표고버섯과 말린 다시마는 물 1컵에 함께 불린다.

2 당근과 연근, 곤약은 사방 1cm 크기로 깍둑썰기 한 뒤 끓는 물에 소금을 약간 넣고 데쳐 건진다.

3 대두는 불린 물과 함께 냄비에 넣어 센 불에서 부드러워질 때까지 50분 정도 삶아 건진다.

4 불린 표고버섯과 다시마는 사방 1cm 크기로 네모나게 썬다. 불린 물은 따로 보관해둔다.

5 3에 당근, 연근, 곤약을 넣고, 표고버섯과 다시마를 넣은 뒤 표고버섯 다시마 불린 물을 재료가 잠길 정도로 부어 조린다.

6 채소가 모두 부드러워지면 조림장 재료를 모두 넣어 15분 정도 더 조리면서 수분을 날린다.

7 마지막으로 조청을 넣고 뒤섞은 후 불에서 내린다.

Tip 콩과 함께 5가지 재료를 넣어 만드는 일본식 밑반찬 콩조림입니다. 뿌리채소를 주로 사용하고 곤약은 빠지지 않고 꼭 들어갑니다.

시래기나물

무청 시래기(불려서 삶은 것) 300g, 말린 표고버섯 2개, 물 $1\frac{1}{2}$컵, 표고버섯 우린 물 1컵, 들기름·식물성 기름 적당량씩·통깨 약간

양념장(청주 2큰술, 된장 $1\frac{1}{2}$큰술, 다진 마늘 1큰술, 생강즙 1작은술)

1 무청 시래기는 5cm 정도 길이로 썬다. 말린 표고버섯은 분량의 물에 불린 뒤 채 썬다. 표고버섯 불린 물은 따로 보관해 둔다.

2 냄비에 식물성 기름을 두르고 무청 시래기를 넣어 볶는다.

3 양념장 재료를 고루 섞은 뒤 2에 넣고 표고버섯 채와 버섯 우린 물을 넣어 끓인다.

4 약한 불에서 무청 시래기가 무르도록 푹 조리는데 도중에 수분이 부족하면 물을 첨가한다.

5 무청 시래기가 다 조려지면 들기름을 넉넉히 두르고 통깨를 뿌린 뒤 불에서 내린다.

Tip 무청 시래기는 불려서 삶은 것으로 구입하더라도 줄기의 투명한 섬유질 껍질을 꼼꼼하게 벗겨야 부드러운 나물을 만들 수 있습니다.

배추 메밀전

알배기 배추 1통, 소금·식물성 기름 약간씩

메밀 반죽{메밀가루 1$\frac{1}{2}$컵, 다시마 표고버섯 국물(13쪽 참조) 2컵, 소금 약간}
양념장{간장 2큰술, 식초 1큰술, 송송 썬 풋고추 약간}

1

1 알배기 배추는 잎을 하나하나 뗀 뒤 엷은 소금물에 잠시 담
  가둔다. 살짝 숨이 죽으면 건져 물기를 뺀다.

2 메밀 반죽 재료를 잘 섞은 다음 알배기 배추를 담가 반죽을 묻
  힌다.

3 식물성 기름을 두르고 달군 팬에 2를 1장씩 가지런히 올려 앞
  뒤로 노릇하게 굽는다.

4 완성된 배추 메밀전과 양념장을 함께 낸다.

수삼 은행 조림

수삼 4뿌리, 은행 1컵, 잣 1큰술

조림장{간장 2큰술, 청주 1큰술, 꿀 $2\frac{1}{2}$큰술, 물 5큰술}

1 수삼은 0.5cm 두께로 어슷썰기 한다.

2 은행은 기름 두른 팬에 살짝 볶은 뒤 키친타월에 올려 살살
문질러서 속껍질을 벗긴다.

3 조림장 재료를 모두 섞어놓는다.

4 수삼과 은행, 잣을 냄비에 넣고 조림장을 부어 국물이 졸아
들 때까지 조린다.

Tip 물을 우리고 남은 수삼이 있을 경우 사용하면 좋아요. 달콤하게 조려야 맛있
습니다.

깻잎찜

깻잎 30장

양념장{홍고추 1개, 다진 파 3큰술, 다진 마늘 $\frac{1}{2}$큰술
맛간장(13쪽 참조) 5큰술, 물·들기름 3큰술씩}

1 깻잎은 꼭지를 자르고, 홍고추는 채 썬다.

2 홍고추 채와 나머지 양념장 재료를 모두 섞어놓는다.

3 냄비에 깻잎을 5~6장씩 돌려 담고 양념장을 고루 끼얹은 다
   음 그 위에 다시 깻잎을 얹고 켜켜이 양념장 바르기를 반복
   한다.

4 냄비 뚜껑을 덮어 약한 불에서 깻잎의 숨이 죽을 때까지 5분
   정도 은근하게 찐다.

Tip 여름철 깻잎이 한창일 때 이용하세요. 부드럽고 촉촉해서 밥과 매우 잘 어울
립니다.

톳 밤 생채

톳 150g, 밤 2개, 실고추 약간

양념 A{식초 3큰술, 설탕 1큰술, 소금 약간}
양념 B{고춧가루 1작은술, 생강즙 $\frac{1}{2}$작은술, 맛간장(13쪽 참조) 2큰술}

1 톳은 끓는 물에 색이 파랗게 변할 정도로만 데친다. 찬물에
  헹궈 건지고 물기를 뺀 다음 먹기 좋은 길이로 썬다.

2 밤은 속껍질을 벗겨 도톰하게 채 썰어놓는다.

3 양념 A의 재료를 볼에 넣어 잘 섞은 뒤 톳을 넣고 버무려 30분
  이상 둔다.

4 양념 B의 재료를 볼에 넣고 잘 섞은 뒤 3에서 버무려둔 톳의
  물기를 짜서 밤과 함께 넣어 버무린다.

5 4위에 실고추를 얹어 낸다.

Tip 톳은 칼슘을 비롯한 미네랄이 풍부한 해조류입니다. 겨울의 싱싱한 톳을 데
쳐서 샐러드 느낌으로 즐길 수 있습니다.

호박고지 들깨나물

호박고지 100g
다진 마늘 1작은술, 다진 파 1큰술
다시마 표고버섯 국물(13쪽 참조) 1$\frac{1}{2}$컵
국간장 $\frac{1}{2}$큰술, 들깻가루 1$\frac{1}{2}$큰술
들기름·식물성 기름 적당량씩

1 호박고지는 물에 불린 뒤 두 번 정도 물에 주물러 헹군 다음 건져 물기를 짠다.

2 팬에 식물성 기름을 두르고 다진 마늘과 다진 파, 호박고지를 넣어 달달 볶는다.

3 호박고지에 기름이 돌면 다시마 표고버섯 국물을 붓고 약한 불에서 바특해지도록 끓이다가 국간장으로 간을 한다.

4 들깻가루와 들기름을 넣어 섞는다.

Tip 국물을 너무 졸이면 들깻가루를 넣었을 때 텁텁해지므로 국물이 자작하게 남아 있는 상태일 때 들깻가루를 넣으세요.

가지고지 우스터소스 조림

가지고지 70g, 쪽파 2대
다진 마늘 1작은술, 청주 2큰술
우스터소스 $1\frac{1}{2}$큰술, 간장 1큰술
식물성 기름 적당량

1 가지고지는 물에 불린 뒤 두 번 정도 물에 주물러 헹군 다음
물기를 짠다.

2 가지고지는 먹기 좋게 썰고, 쪽파는 얇게 송송 썬다.

3 팬에 식물성 기름을 두르고 다진 마늘과 가지고지를 넣어 달
달 볶는다.

4 가지고지에 기름이 돌면 청주와 우스터소스, 간장을 넣어 조
리면서 볶는다.

5 4를 그릇에 담고 송송 썬 쪽파를 뿌린다.

Tip 우스터소스는 갖은 과일과 향신료를 농축시켜 만든 영국 소스입니다. 항상
비슷한 양념으로 나물을 해먹는 가지도 색다르게 만들어줍니다.

견과 소스 취나물

호두 ½컵, 두유 ⅔컵+적당량
취나물 250g, 소금·들기름 약간씩

1 호두는 적당량의 두유에 3시간 이상 담가 서늘한 곳에서 불린다.

2 취나물은 끓는 물에 삶은 뒤 찬물에 담갔다 건져 물기를 짠 다음 먹기 좋은 크기로 썬다.

3 불린 호두에 다시 두유 ⅔컵을 섞고 믹서에서 곱게 갈아 소금으로 간을 한다.

4 취나물에 들기름을 넉넉히 넣어 버무린 다음 3을 부어 촉촉하게 무쳐 낸다.

Tip 머위나물을 같은 방법으로 무쳐도 맛있습니다.

3

고추장찌개

감자 1개, 무 1cm 1토막, 애호박 2cm 1토막, 양파 $\frac{1}{4}$개, 말린 표고버섯 2개, 말린 다시마(5×5cm) 1장, 물 3컵, 대파 $\frac{1}{4}$대, 팽이버섯 $\frac{1}{4}$봉지, 고추장 1$\frac{1}{2}$큰술, 고춧가루 $\frac{1}{2}$큰술, 다진 마늘 $\frac{1}{2}$큰술, 소금 약간

1 감자와 무, 애호박은 사방 1.5cm 크기로 깍둑썰기 하고, 양파도 사방 1.5cm 크기의 네모 모양으로 썬다. 대파는 얇게 송송 썰고, 팽이버섯은 2cm 길이로 썬다.

2 말린 표고버섯과 말린 다시마는 물 3컵에 함께 불린다. 불린 표고버섯과 다시마는 먹기 좋게 썰고, 불린 물은 따로 보관해둔다.

3 냄비에 표고버섯과 다시마 불린 물을 넣고 고추장과 고춧가루, 다진 마늘을 넣어 푼다. 대파와 팽이버섯을 제외한 모든 재료를 넣어 끓인다.

4 재료가 모두 익을 만큼 끓으면 소금으로 간을 한다. 대파와 팽이버섯을 넣은 뒤 불에서 내린다.

Tip 고추장에 고춧가루를 넣으면 칼칼한 맛이 돌아 더 맛있어요.

강된장

연근 4~5cm 1토막, 우엉 6~7cm 1토막, 양파 $\frac{1}{2}$개, 풋고추 2개, 대파 $\frac{1}{3}$대, 얼린 두부 $\frac{1}{4}$모, 다시마 표고버섯 국물(13쪽 참조) $1\frac{1}{2}$컵, 된장 3큰술, 고추장 1작은술, 다진 마늘 1큰술

1 연근은 강판에 갈고, 우엉은 잘게 다진다. 양파는 사방 1cm 크기 네모 모양으로 썰고, 풋고추와 대파는 얇게 송송 썬다.

2 얼린 두부는 해동한 뒤 손으로 잘게 부순다.

3 다시마 표고버섯 국물에 된장과 고추장을 풀고 다진 마늘도 넣어 섞는다.

4 3에 준비한 채소와 두부를 모두 넣고 바특해지도록 끓인다.

Tip 강된장에 연근을 갈아 넣으면 걸쭉해지면서 쌈장처럼 됩니다. 채소 쌈밥을 먹을 때 꼭 곁들여보세요.

김치두부찌개

배추김치 250g, 두부 150g, 생유부 4장, 대파 $\frac{1}{2}$대, 다시마 표고버섯 국물(13쪽 참조) 3컵, 참기름 약간

1 배추김치는 3~4cm 폭으로 송송 썬다. 두부는 1cm 두께로 납작하게 썰고, 생유부는 1cm 너비로 길쭉하게 썬다. 대파는 어슷썰기 한다.

2 냄비에 참기름을 두르고 배추김치를 달달 볶다가 다시마 표고버섯 국물을 붓고 끓인다.

3 배추김치의 숨이 조금 죽으면 두부와 생유부를 넣고 7~8분간 더 끓인다.

4 3에 어슷 썬 대파를 넣은 다음 불에서 내린다.

Tip 찌개나 국, 탕에 고기 대신 생유부를 넣으면 쫄깃한 식감을 느낄 수 있습니다. 남은 생유부를 냉동 보관하면 따로 해동하지 않고 바로 사용할 수 있습니다.

되비지탕

대두 ⅓컵, 묵은 배추김치 150g, 느타리버섯 80g, 대파 ½대, 말린 표고버섯 2개, 말린 다시마(5×5cm) 1장, 물 3컵, 국간장 1큰술, 소금 약간

1 대두는 하룻밤 물에 담가 불린다. 묵은 배추김치는 물에 씻어서 송송 썬다. 느타리버섯은 먹기 좋게 찢고, 대파는 얇게 송송 썬다.

2 말린 표고버섯과 말린 다시마는 물 3컵에 함께 불린 다음 가늘게 채 썬다. 불린 물은 따로 보관해둔다.

3 불린 대두와 표고버섯 다시마 불린 물 1컵을 믹서에 함께 넣어 간다.

4 냄비에 3과 나머지 표고버섯 다시마 불린 물, 표고버섯 채와 다시마 채, 묵은 배추김치, 느타리버섯을 넣어 끓인다.

5 콩이 익어 구수한 냄새가 나면 국간장과 소금으로 간을 하고 대파를 넣은 다음 불에서 내린다.

Tip 건더기를 많이 넣지 않아야 콩 맛을 제대로 느낄 수 있습니다.

1

3

한식 미네스트로네

무·당근·연근·애호박·양파 30g씩, 두부 60g, 대파 $\frac{1}{2}$대
말린 표고버섯 2개, 말린 다시마(5×5cm) 1장
다진 마늘·고추장 1작은술씩, 된장 1$\frac{1}{2}$큰술, 참기름 약간

1 무, 당근, 연근, 애호박, 두부는 사방 1cm 크기로 깍둑썰기 하고, 양파는 사방 1cm 크기로 네모나게 썬다. 대파는 다진다.

2 말린 표고버섯과 말린 다시마는 물 3컵에 함께 불린 다음 다른 채소들과 같은 크기로 썬다. 우려낸 국물은 따로 보관해 둔다.

3 냄비에 참기름을 약간 두르고 무, 당근, 연근, 애호박, 양파를 넣어 볶는다.

4 채소들이 뻑뻑해지면 표고버섯 다시마 불린 물을 2큰술 정도 끼얹고 뚜껑을 닫아 3분 정도 찌듯이 익힌다.

5 나머지 표고버섯 다시마 불린 물에 다진 마늘과 고추장, 된장을 풀어 두부와 함께 좀 더 끓인다.

6 4를 5에 넣고 한소끔 끓인 뒤 대파를 넣고 불에서 내린다.

돌나물 배 생채

돌나물 200g, 배 ½개
생채 양념{무 2cm 1토막, 간장 2큰술, 현미 식초 ½큰술, 올리고당·고춧가루 1작은술씩, 참기름 1작은술, 통깨 약간}

1 돌나물은 긴 것은 짧게 끊어서 다듬어 깨끗하게 씻은 뒤 체에 밭쳐 물기를 빼둔다. 배는 굵게 채 썬다.

2 생채 양념의 무는 강판에 갈아 다른 재료와 섞는다.

3 돌나물과 채 썬 배를 2의 생채 양념에 무쳐 낸다.

청경채 국화 무침

청경채 200g, 국화 꽃잎(또는 국화차 꽃잎) 약간
무침 양념{맛간장(13쪽 참조) 3큰술, 물 2큰술, 유자청 $\frac{1}{2}$큰술}

1 청경채는 밑동에 십자로 칼집을 넣어 끓는 물에 데친 뒤
   찬물에 담갔다 건져 물기를 짜고 3~4cm 길이로 썬다.

2 유자청은 곱게 다져 다른 무침 양념 재료와 함께 섞는다.

3 청경채를 그릇에 담고 2를 끼얹은 뒤 국화 꽃잎을 뜯어
   뿌린다.

매운 얼갈이 부추 무침

데친 얼갈이 150g, 부추 150g

무침 양념{고춧가루 $1\frac{1}{2}$큰술, 멸치 액젓·다진 파 1큰술씩,
통들깨·식초·올리고당 $\frac{1}{2}$큰술씩, 다진 마늘·연겨자 1작은술씩,
다진 생강 $\frac{1}{2}$작은술, 참기름 약간}

1 데친 얼갈이는 3~4cm 길이로 썬다. 부추는 끓는 물을 끼
얹어 숨을 죽이고 물기를 짠 다음 3~4cm 길이로 썬다.

2 볼에 무침 양념 재료를 모두 넣어 섞은 뒤 얼갈이와 부추
를 넣어 버무린다.

Tip 먹고 남은 것은 그대로 된장국 재료로 넣어도 맛있습니다.

파래 무 무침

파래 150g, 무 3cm 1토막, 쪽파 3~4대, 설탕 $\frac{1}{2}$큰술, 소금 $\frac{1}{2}$작은술
무침 양념(식초 2큰술, 설탕 1큰술, 생강즙 1작은술, 간장 $\frac{1}{2}$큰술, 소금 약간)

1 파래는 깨끗하게 씻어 물기를 뺀다. 무는 곱게 채 썰고,
   쪽파는 2cm 길이로 썬다.

2 채 썬 무는 설탕과 소금에 버무려 숨을 죽인 뒤 물기를
   꼭 짠다. 무침 양념 재료를 모두 잘 섞어 무와 파래, 쪽파
   에 고루 무쳐 낸다.

Tip 무 채를 설탕, 소금에 절이면 물기도 덜 생기고 맛도 좋아집니다.

호박잎 된장국

호박잎 150g, 애호박 3cm 1토막, 된장 2큰술, 다진 마늘 $\frac{1}{2}$큰술, 다시마 멸치 국물(13쪽 참조) 2$\frac{1}{2}$컵

1 호박잎은 먹기 좋은 크기로 뜯어 된장과 다진 마늘에 조물조물 무친다. 애호박은 0.5cm 두께의 은행잎 모양으로 썬다.

2 다시마 멸치 국물에 호박잎과 애호박을 넣고 호박잎이 부드러워질 때까지 푹 끓인다.

Tip 호박잎이 푹 무르도록 끓여야 제 맛이에요. 된장은 심심하게 넣습니다.

말린 토마토 미나리 무침

미나리 100g, 말린 토마토 $\frac{1}{2}$컵, 참기름 1큰술, 소금·후춧가루 약간씩

1 미나리는 끓는 물에 살짝 데쳐서 물기를 짜고 4~5cm 길이로 썬다.

2 볼에 참기름을 넣고 소금과 후춧가루를 섞은 다음 데친 미나리와 말린 토마토를 넣어 버무려 낸다.

Tip 말린 토마토는 집에서 만들 수 있어요. 완숙 토마토를 8등분으로 썰어 오븐 팬에 올리고 올리브유를 고루 끼얹은 다음 160℃의 오븐에서 50분 정도 구우면 홈메이드 말린 토마토가 완성됩니다. 방울토마토를 사용할 경우 반으로 썰어서 만드세요.

분당으로 이사를 온 지 2년 6개월 정도 되었습니다. 정기적인 쿠킹 클래스를 운영하기 시작한 것은 이곳으로 오면서부터입니다. 처음에는 마크로비오틱 클래스 정규반으로 시작해 지금은 자연 요리 클래스와 비건vegan(달걀, 우유도 먹지 않는 엄격한 채식주의자) 베이킹 및 채소로 만드는 베지베이킹 클래스까지 하게 되었습니다.

제가 마크로비오틱 쿠킹으로 국내에서 처음으로 소개한 2004년만 해도 유기농, 친환경이라는 말조차 생소한 시기라 겨우 서너 명의 수강생을 모시고 강의를 했던 기억이 납니다. 그 후 10년이라는 세월이 지나며 생활습관병과 알레르기성 질환들이 증가하면서 좋은 먹거리와 친환경적 삶을 추구하는 소비자의 수요도 늘어났지요. 이에 발맞춰어 친환경 재료와 요리도 쉽게 접할 수 있게 되었습니다. 또한 채식 위주의 요리도 각광을 받기 시작했지요. 저의 쿠킹 클래스에 오시는 분들은 대부분 건강에 대한 관심이 높고 바른 먹거리에 대한 중요성을 충분히 알고 계십니다. 특히 식품 알레르기가 있는 아이의 어머니나 가족분의 건강을 위해 오시는 분도 많습니다. 그런 분들이 제게 요리를 배우고 나서 "아이들에게 해주었더니 싫어하는 채소도 잘 먹었어요", "건강이 좋아졌어요" 하시면 큰 보람을 느낍니다. 제 요리는 쉽게 맛을 내는 시판 소스나 양념을 사용하지 않고 기본 양념으로만 요리를 하기 때문에 유행을 타지 않아 레시피를 두고두고 써먹을 수 있어 좋다고 하는 분들도 많습니다.

저의 쿠킹 클래스는 모두 네 가지 원칙을 지킵니다. 첫째는 제철 채소가 주인공이라는 것, 둘째는 가능하면 국산 유기농 식자재를 사용한다는 것, 셋째는 에너지의 조화를 담은 마크로비오틱 조리 방법을 쓴다는 것, 넷째는 되도록 쉽게 만든다는 것입니다.

제 자신도 클래스를 진행하면서 생동감 있는 레시피를 만들기 위해 항상 고민하면서 스스로 많이 발전하고 있습니다. 또 같은 관심사를 갖고 찾아오시는 분들과 함께 소통하면서 오히려 제가 배울 때도 많습니다. 이제 쿠킹 클래스는 '의식동원醫食同源'을 통해 바른 식생활을 실천하고자 하는 분들의 커뮤니티 공간이자 활력을 창조하는 시간이 되고 있습니다. 앞으로 저의 어린 아들이 성장해가듯이 쿠킹 클래스도 같이 성장하고 성숙해져 더욱 많은 분들에게 올바른 식생활을 제시하고, 건강하며 맛있는 요리로 다가가고 싶습니다.

PART 5

채식,
생활이 되다

바나나 대파 말이

대파 흰 부분 1대, 몽키 바나나 2개
미소 된장 1큰술, 현미 식초 1큰술, 쑥갓 잎 약간

1 대파는 바나나 길이에 맞추어 썬 다음 끓는 물에 넣어 부드
　러워지도록 삶는다.

2 삶은 대파에 길게 칼집을 넣어 속의 심을 빼낸다.

3 2의 대파로 바나나를 감싼 뒤 3~4cm 길이로 썬다.

4 미소 된장과 현미 식초를 섞는다.

5 3을 그릇에 올리고 그 위에 4를 조금씩 뿌린 다음 쑥갓 잎을
　올린다.

Tip 대파를 끓는 물에 3분 정도 삶으면 매운맛이 빠져 바나나와 맛이 잘 어우러
집니다.

사과 팬케이크

사과 1개, 물 2큰술, 식물성 기름·소금 약간씩

팬케이크 반죽{우리 밀가루(또는 일반 밀가루) 180g
황설탕 4큰술, 두유 180ml, 식물성 기름 1큰술}

1 사과는 껍질째 1cm 두께의 은행잎 모양으로 썬다.

2 냄비에 사과와 물, 소금 약간을 넣어 뚜껑을 닫고 중간 불에
서 5분간 조린 다음 식힌다.

3 팬케이크 반죽 재료는 밀가루와 황설탕, 두유와 기름을 각각
섞은 다음 모두 함께 섞는다.

4 달군 팬에 식물성 기름을 두르고 2의 사과를 깐 다음 그 위
에 3의 반죽을 고루 덮는다.

5 팬에 뚜껑을 덮어 약한 불에서 5분간 굽는다.

6 표면에 공기 구멍이 몇 군데 송송 뚫리면 뒤집어서 뚜껑을
덮고 1~2분 더 굽는다.

Tip 지름 15cm 크기로 2장을 만들 수 있어
요. 작은 팬을 이용해 도톰하게 구워야 맛있
습니다.

무 옥수수전

무 5cm 1토막
옥수수 알갱이 3큰술, 쪽파 3대
찹쌀가루·밀가루 50g씩, 물 80ml
식물성 기름·소금 약간씩

초간장{간장 3큰술, 식초 1큰술}

1 무는 채 썬 뒤 소금을 약간 뿌려 살짝 숨이 죽도록 절인다.

2 무의 숨이 죽으면 옥수수 알갱이와 쪽파를 섞는다.

3 찹쌀가루와 밀가루를 체에 쳐 고루 섞으며 2에 넣고 분량의
물을 부어 반죽한다.

4 팬에 식물성 기름을 두르고 달군 뒤 3을 동글납작하게 빚어
올려 앞뒤로 노릇노릇하게 지진다.

5 초간장을 만들어 전과 함께 낸다.

> *Tip* 단맛이 깊은 겨울무로 만드세요. 찹쌀가루는 시중에서 판매하는 마른 찹쌀가
루로 만들어도 좋습니다.

현미 인절미 생강 데리야키 구이

얼린 현미 인절미 160g
잣 1큰술, 김밥용 김 1장, 식물성 기름 적당량

생강 데리야키 소스{생강즙 $\frac{1}{2}$큰술, 간장 $1\frac{1}{2}$큰술
청주·꿀 1큰술씩}

1 현미 인절미 얼린 것을 실온에서 해동한 후 2cm 두께로 납작하게 썬다. 잣은 키친타월에 싸서 곱게 다진다.

2 팬에 식물성 기름을 두르고 중간 불에서 현미 인절미를 앞뒤로 노릇노릇하게 굽는다.

3 생강 데리야키 소스 재료를 분량대로 잘 섞는다.

4 구운 현미 인절미에 3을 끼얹어 중간 불에서 조린다.

5 인절미가 자작하게 조려지면 그릇에 담아 김을 적당한 크기로 잘라 올리고 잣을 뿌린다.

Tip 방앗간에 인절미를 넉넉히 주문해서 냉동실에 얼려두고 아침 식사나 간식으로 그때그때 해동해 먹으면 좋습니다. 현미 인절미가 없으면 고물을 묻히지 않은 인절미를 대신 사용해도 좋습니다.

현미밥 떡

현미 멥쌀 1컵, 현미 찹쌀 ½컵, 물 2컵, 호두 ½컵, 통깨 2큰술, 미소 된장 1큰술, 막걸리 2큰술, 물 5큰술

1 현미 멥쌀과 현미 찹쌀을 섞어 밥을 짓는다.

2 호두는 껍질을 벗겨 마른 팬에서 보슬보슬하게 볶는다.

3 커터에 통깨를 넣고 페이스트 상태가 되도록 간 다음 호두를 넣어 더욱 곱게 간다.

4 3에 미소 된장, 막걸리, 물을 넣어 섞는다.

5 갓 지은 현미밥을 홍두깨로 조금 치대어 찐득해지면 지름 7cm 크기의 호떡 모양으로 빚는다.

6 5의 표면에 4를 발라 170℃로 예열한 오븐이나 그릴에 노릇하게 굽는다.

Tip 미소 된장 대신 한식 된장으로 만들어도 맛있습니다.

5

단호박 팥 양갱

단호박 $\frac{1}{4}$개, 팥 앙금 150g

A{물 180ml, 한천 가루 $\frac{1}{2}$큰술}
B{물 150ml, 황설탕 1큰술, 한천 가루 1작은술}

1 단호박은 쪄서 노란 속만 곱게 으깬다.

2 A의 재료를 냄비에 넣고 섞어 살짝 데운다. 팥 앙금을 넣어
   풀고 좀 더 따끈하게 데운 다음 불에서 내려 한 김 식힌다.

3 틀에 2를 부은 다음 냉장고에서 굳힌다.

4 B의 재료를 냄비에 넣고 섞어 살짝 데운다. 으깬 단호박을
   넣어 골고루 섞고 좀 더 따끈하게 데운 다음 불에서 내려 한
   김 식힌다.

5 4를 3 위에 부어 다시 냉장고에서 굳힌 뒤 먹기 좋게 썬다.

Tip 과정 2와 4에서 너무 식은 것을 틀에 부으면 양갱이 평평하게 굳어지지 않아
요. 적당히 따끈할 때 틀에 부어 굳혀야 합니다.

5

채소 쌀가루 케이크

제과용 쌀가루 300g, 베이킹파우더 1큰술
다진 양파·청피망·홍피망 2큰술씩, 삶은 완두콩 4큰술, 밀가루·버터 약간씩

A{두유 280ml, 식물성 기름 $\frac{1}{2}$컵
메이플 시럽(또는 아가베 시럽) 80ml, 소금 $\frac{1}{2}$작은술}

1 8×25cm 파운드케이크 틀을 준비해서 버터를 얇게 바르고 그 위에 밀가루를 살짝 뿌려 얇게 덧입힌다.

2 A의 재료를 볼에 넣어 거품기로 잘 섞는다.

3 2에 쌀가루와 베이킹파우더를 함께 체에 내려 잘 섞으며 넣는다.

4 3에 다진 양파·청피망·홍피망과 삶은 완두콩을 넣고 섞어 반죽한다.

5 파운드케이크 틀에 4의 반죽을 붓고 170℃로 예열한 오븐에서 35분간 굽는다.

> *Tip* 제과용으로 곱게 빻은 쌀가루를 쉽게 구입할 수 있습니다. 쌀가루로 만든 케이크는 친근하고 건강한 맛을 즐길 수 있지만 하루 정도 지나면 딱딱해지는 단점이 있으니 가급적이면 빨리 드시는 게 좋아요.

사과 고구마 춘권피 파이

사과 1개
고구마 1개
꿀 1큰술
건포도 2큰술
춘권피 6장
소금 약간
튀김 기름 적당량

밀가루물{밀가루 1큰술
물 1$\frac{1}{2}$큰술}

1 사과는 껍질째 은행잎 모양으로 얇게 썬다. 고구마도 껍질째
반달 모양으로 얇게 썬다.

2 냄비에 사과와 고구마, 꿀, 건포도, 소금을 넣고 중간 불에서
사과의 숨이 죽고 고구마가 푹 익을 때까지 조린 뒤 식힌다.

3 춘권피는 대각선으로 반 잘라 삼각형을 만든다.

4 춘권피에 2를 올리고 삼각형으로 감싼다. 가장자리에 밀가
루물을 풀처럼 발라 붙인다.

5 180℃의 튀김 기름에 4를 바삭하게 튀긴다.

Tip 삼각형으로 싸는 것이 어렵다면 길쭉하게 말아도 좋습니다. 팥앙금이나 블루
베리 잼으로 소를 대신해도 맛있습니다.

우엉 깻잎 쿠키

우엉 50g, 깻잎 1장, 올리브유 35ml, 식물성 기름 약간

쿠키 반죽{밀가루(박력분) 75g, 아몬드 파우더 50g, 베이킹파우더 2g
유기농 황설탕 20g, 소금 1g}

1 우엉은 칼등으로 껍질을 살살 벗겨 커터에 곱게 간다. 깻잎
은 다진다.

2 식물성 기름을 약간 두른 팬에 우엉을 볶은 뒤 식힌다.

3 쿠키 반죽 재료를 볼에 담고 올리브유를 끼얹어 섞은 다음
볶은 우엉과 깻잎을 넣어 고루 섞는다.

4 3의 반죽을 한데 뭉쳐 0.4cm 두께로 민다.

5 4를 사방 3~4cm 크기의 네모 모양으로 썰어 철판에 올린 다
음 170℃로 예열한 오븐에서 20~25분간 굽는다.

4

부드러운 깨 쿠키

식물성 기름 4큰술, 메이플 시럽 3큰술

쿠키 반죽{밀가루(박력분) 120g, 감자 녹말 50g, 통깨 3큰술, 소금 약간}

1 쿠키 반죽 재료를 모두 볼에 넣고 거품기로 섞는다.

2 1에 식물성 기름을 고루 끼얹어 양손으로 비벼 기름을 먹인다.

3 2에 메이플 시럽을 고루 끼얹은 뒤 손으로 치대지 않고 한 덩어리로 뭉친다. 잘 뭉쳐지지 않으면 물을 약간 넣는다.

4 반죽을 비닐 랩으로 싼 다음 지름 3cm 크기의 봉 모양으로 둥글려 냉장고에서 30분 쉬게 한다.

5 냉장고에서 꺼내 1cm 두께로 썬 다음 180℃로 예열한 오븐에서 15분간 굽는다.

Tip 지름 3cm 크기로 20개를 만들 수 있어요.

4

재래시장의
즐거움

분당으로 이사 오면서 가장 아쉬웠던 점은 가락시장이 멀어진 것이었습니다. 전에는 가락시장이 가까워 마트보다도 가락시장에 자주 갔었습니다.

갈 때마다 계절의 변화를 세밀하게 느낄 수 있는 채소 시장, 그리운 고향 목포의 비릿한 냄새를 맡을 수 있는 수산 시장, 시중에서 구하기 힘든 허브류를 살 수 있는 특수 청과물 시장, 좋은 표고버섯을 파는 집, 우엉과 연근이 좋은 집, 철마다 다른 햇콩을 까서 파는 할머니 등 가락시장은 제게 너무나 익숙한 곳입니다. 지금도 계절이 바뀌거나 싱싱한 햇것을 빨리 구입하고 싶을 때는 가락시장에 갑니다.

이사 온 뒤로는 가까운 곳에서 오일장이 열려 나들이 가는 기분으로 갑니다. 운 좋은 날은 직접 무를 썰어 햇볕에 말려 자연의 맛이 듬뿍 든 무말랭이를 만날 때도 있고 하우스재배가 아닌 노지에서 캐낸 싱싱한 봄나물이나 못생겼지만 텃밭에서 재배한 둥근 호박이며 평소 접하기 힘든 동아 같은 채소도 얻을 수 있습니다. 시장에 갈 때마다 자연이 우리에게 철마다 다르게 가장 근사한 것들을 선물해주는 것에 대해 감사하게 됩니다. 또한 자연과 더불어 건강하게 살아야 한다는 책임감이 듭니다.

재래시장에 가서 장을 볼 때 스스로 세우는 원칙이랄까, 뭐 그런 것이 하나 있습니다. 쿠킹 클래스나 요리 촬영이 목적이 아니라 내가 먹을 것을 살 때는 작은 노점에서 되도록 못생기고 시든 것을 사는 것입니다. 내가 고르지 않는다면 다른 사람도 사지 않을 테니, 그런 것들을 골라 사는 것입니다. 그러면 장사하는 분에게도 도움이 될 것이고요. 사실 이런 사려 깊은 생각을 스스로 한 것은 아닙니다. 언젠가 교회 목사님이 설교 중에 그런 말씀을 하시기에 충분히 공감하여 그때부터 그렇게 하고 있습니다.

한편 새로운 메뉴 개발로 고민할 때도 재래시장을 산책하듯이 다니며 탐색합니다. 그렇게 한 바퀴 산책을 하면 반드시 마음에 드는 채소가 한두 가지 있습니다. "요거요거…. 햇양파랑 샐러드로 버무리면 맛있겠는데" 하고 스스로 흐뭇해하며 사서 만들어보고 시식해봅니다. 맛이 만족스러우면 "그래 난 이게 천직이야" 하며 너무 즐거워하지만, 무언가 부족하면 오기가 생겨 스스로 만족할 때까지 여러 형태로 만들어봅니다.

물론 재래시장의 단점도 많습니다. 하지만 시장에는 이런 단점을 전부 보상해주고도 남을 만큼의 가치가 있습니다.

이제 곧 아이랑 함께 시장에 한번 가보려고 합니다. 더 특별하고 즐거운 시장 나들이가 되겠지요. 나들이를 상상하니 벌써 가슴이 두근거리네요.

쪽파 스콘

퓨어 올리브유 40ml, 두유 120ml, 쪽파 8대, 말린 오레가노(또는 타임 등의 허브) 1작은술

스콘 반죽(밀가루(박력분) 220g, 황설탕 2큰술, 베이킹파우더 2작은술, 소금 약간)

1 스콘 반죽 재료를 모두 볼에 넣고 거품기로 섞는다.

2 1에 퓨어 올리브유를 고루 끼얹고 양손으로 비벼서 기름을 먹인다.

3 2에 두유를 고루 끼얹고 손으로 살짝 섞는다. 송송 썬 쪽파와 말린 오레가노를 넣은 다음 치대지 말고 한 덩어리가 되도록 뭉친다.

4 도마에 밀가루를 약간 뿌리고 3을 2cm 두께의 원형으로 밀어 피자를 썰듯이 6등분으로 나눈다.

5 220℃로 예열한 오븐에서 12분간 굽는다.

Tip 지름 7~8cm 크기로 6개를 만들 수 있어요.

애호박 머핀

애호박 200g, 두유 125ml, 식물성 기름 80ml

머핀 반죽{밀가루(박력분) 220g, 황설탕 80g
베이킹파우더 1작은술, 소금 약간}

1 지름 6cm 머핀 틀에 주름 유산지를 깔아둔다.

2 애호박은 강판에서 갈아 두유, 식물성 기름과 함께 볼에 넣고 거품기로 섞는다.

3 다른 볼에 머핀 반죽 재료를 넣어 섞은 다음 2를 부어 고무주걱으로 섞어 반죽한다.

4 3의 반죽을 머핀 틀 유산지의 80% 정도만 붓는다.

5 180℃로 예열한 오븐에서 25분간 구운 다음 틀째 식힌 후 꺼낸다.

Tip 지름 6cm 크기 머핀 6개를 만들 수 있어요.

통밀 콩비지 도넛

두유 40ml, 콩비지 80g, 튀김 기름 적당량

도넛 반죽{우리 통밀가루(또는 일반 통밀가루) 80g
우리 밀가루(또는 일반 밀가루) 30g, 베이킹파우더 2작은술, 황설탕 2큰술}
고물{콩가루 3큰술, 황설탕 1큰술}

1 볼에 도넛 반죽을 넣고 잘 섞는다.

2 두유와 콩비지를 섞어 1에 넣고 한 덩어리로 뭉친다.

3 2를 5등분한 뒤 한 덩어리씩 공 모양으로 만든 다음 손가락
으로 구멍을 내어 도넛 모양을 만든다.

4 170℃의 튀김 기름에 5분간 튀긴다. 처음에는 약한 불에서
튀기다가 어느 정도 부풀어 오르면 중간 불 이상으로 올려
전체적으로 골고루 색이 나도록 튀긴다.

5 튀긴 4의 도넛을 고물에 묻힌다.

Tip 콩비지찌개용 제품으로 판매하는 콩비
지를 사용하면 됩니다. 지름 6cm 도넛 5개
를 만들 수 있어요.

제의의 시간
PART 5
제석, 생활이 되다

버섯 튀김 과자

반죽{말린 표고버섯 10g, 우리 밀가루(또는 일반 밀가루) 120g, 물 50ml
베이킹파우더 $\frac{1}{2}$작은술, 소금 약간}

조청 4큰술, 물 2작은술
흑임자 1작은술, 튀김 기름 적당량

1 말린 표고버섯은 커터에서 곱게 갈아 다른 반죽 재료와 함께
섞어 반죽한다. 반죽은 한 덩어리로 뭉친 뒤 8등분한다.

2 1을 도마에 두고 손바닥으로 굴려가며 지름 1cm 정도의 긴
봉 모양으로 만든 뒤 5cm 길이로 썬다.

3 2를 170℃의 튀김 기름에 2~3분간 튀겨 건진다. 약간의 반
죽을 떼어 기름에 넣었을 때 냄비 바닥에 닿았다가 1초 정도
있다가 떠오르면 알맞은 온도이다.

4 냄비에 조청과 물을 넣어 약한 중간 불에서 약간 걸쭉해질
때까지 조린다.

5 4에 3을 넣어 버무린 뒤 불에서 내린다.

6 5에 흑임자를 뿌려 버무린다.

우엉 초콜릿

우엉 100g
흑설탕 2큰술
럼주(또는 브랜디) 1큰술
다크 초콜릿 50~70g

1 우엉은 칼등으로 껍질을 살살 벗겨 6cm 길이로 썬 뒤 두꺼운
부분은 8등분, 가는 부분은 4~6등분해 물에 한 번 헹군다.

2 냄비에 우엉을 넣고 우엉이 잠길 정도의 물을 부은 뒤 흑설
탕과 럼주를 넣어 중약 불에서 조린다.

3 우엉이 부드러워지면 체에 밭쳐 물기를 뺀다.

4 다크 초콜릿은 중탕해서 녹인다.

5 우엉의 한쪽 끝을 1cm 정도 남겨두고 녹인 다크 초콜릿을 묻
힌 다음 유산지 위에 놓고 굳힌다.

스파이시 크래커

크래커 반죽{우리 통밀가루(또는 일반 밀가루) 80g, 옥수수 녹말 20g, 커민 시드 1작은술, 소금 1작은술, 후춧가루 약간}

식물성 기름 1큰술, 물 3큰술

1 크래커 반죽 재료를 볼에 넣고 거품기로 섞는다.

2 1에 식물성 기름을 고루 끼얹고 손으로 비벼 기름을 먹인다.

3 2에 물을 고루 끼얹어 한 덩어리가 되도록 손으로 뭉친다.

4 유산지 혹은 오븐 시트 위에 밀가루를 약간 뿌린 다음 3의 반죽을 올려 0.2cm 두께가 되도록 밀대로 민다.

5 4에 5×5cm 크기의 정사각형이 되도록 칼집을 낸다.

6 5를 오븐 팬에 유산지째 올려 180℃로 예열한 오븐에서 20분간 구운 뒤 식혀서 칼집대로 떼어낸다.

Tip 커민 시드 대신 로즈메리나 바질을 다져서 넣어도 좋습니다.

카레 풍미 콩 스낵

대두 1컵, 카레 가루 2작은술, 소금 $\frac{1}{2}$작은술, 식물성 기름 2작은술

1 대두는 하룻밤 물에 담가 불린다.

2 불린 대두는 체에 밭쳐 물기를 뺀 다음 키친타월로 물기를 말끔히 닦는다.

3 볼에 대두를 넣고 카레 가루와 소금, 식물성 기름을 넣어 섞는다.

4 3을 오븐 팬에 겹치지 않도록 펼쳐두고 170℃로 예열한 오븐에서 30분간 굽는다.

Tip 맥주 안주로도 좋은 요리입니다. 식힌 다음 습기가 스미지 않도록 밀폐 용기에 넣어 보관해두고 드세요.

양배추 아보카도 토스트

통밀식빵 2장
양배추 100g
적채 30g
아보카도 $\frac{1}{2}$개
감자 1개
두부 마요네즈 3큰술
미소 된장 1작은술
발사믹 크림(생략 가능) 적당량
소금 약간

1 양배추와 적채는 채 썰고, 아보카도는 0.5cm 두께로 저며 썬다. 감자는 쪄서 껍질을 벗긴다.

2 양배추와 적채에 소금을 약간 뿌려 박박 주물러 숨을 죽인 다음 물기를 꼭 짠다.

3 찐 감자는 1cm 두께의 반달 모양으로 썬다.

4 통밀식빵은 살짝 구워서 두부 마요네즈와 미소 된장을 섞은 소스를 듬뿍 바른다.

5 4위에 양배추와 적채를 올리고 그 위에 감자와 아보카도를 올린 다음 발사믹 크림을 뿌린다. 발사믹 크림 대신 머스터드 소스 등 좋아하는 소스를 뿌려도 좋다.

6 반으로 접듯이 말아서 꽂이를 꽂는다.

Tip 두부 마요네즈는 두부 $\frac{1}{2}$모를 무거운 것으로 누른 채 2시간 이상 두어 물기를 쪽 뺀 다음 삶은 감자 30g, 올리브유 2큰술, 레몬즙 $\frac{1}{2}$큰술, 설탕 $\frac{1}{2}$작은술, 소금, 후춧가루와 함께 곱게 갈아 만드세요.

제 식의 시간
PART 5
제식, 생활이 되다

두부 나물 비빔밥 도시락

현미밥 1공기
부침용 두부 $\frac{1}{2}$모
냉이 150g(다른 나물로 대체 가능)
콩나물 150g
고추장·매실 농축액 $\frac{1}{2}$큰술씩
참기름·간장·소금 약간씩

양념 A{된장 $\frac{1}{2}$큰술
매실 농축액 1큰술
통깨·참기름 약간씩}

양념 B{다진 마늘 $\frac{1}{2}$작은술
소금·참기름 약간씩}

1 두부는 무거운 것으로 눌러두어 물기를 뺀 다음 곱게 으깬
   다. 냉이는 끓는 물에 데쳐 물기를 짠 뒤 2cm 길이로 썬다.
   콩나물은 깨끗이 다듬어 삶는다.

2 팬에 참기름을 조금 두르고 으깬 두부를 넣어 약한 불에서
   보슬보슬하게 볶으면서 간장과 소금으로 간을 한다.

3 냉이는 양념 A에 조물조물 무친다.

4 콩나물은 양념 B에 조물조물 무친다.

5 고추장과 매실 농축액를 섞는다.

6 도시락에 현미밥을 평평하게 담고 두부와 냉이, 콩나물을 덮
   어 올린다. 5를 따로 곁들여 비벼 먹을 수 있게 한다.

Tip 도시락에 우엉강정을 곁들이면 나물 비빔밥과 잘 어울립니다. 나물은 시금치
나 참나물, 비름나물 등 그때그때 구할 수 있는 것으로 사용하세요.

우엉강정

우엉 $\frac{1}{2}$개, 감자 녹말·참기름·식물성 기름 적당량씩
고추장 양념{고추장 $1\frac{1}{2}$큰술, 청주 1큰술, 조청 $1\frac{1}{2}$큰술, 생강즙 1작은술, 통깨
약간}

1 우엉은 껍질째 씻어 0.2~0.3cm 두께로 어슷썰기 한 다음 감자 녹말
  을 얇게 묻힌다.
2 팬에 식물성 기름을 조금 붓고 1을 넣어 바삭하게 튀겨 건진다.
3 고추장 양념 재료를 팬에 넣고 조려 걸쭉하게 한다.
4 2의 튀긴 우엉을 3의 고추장 양념에 버무린다.

김밥 도시락

밥 4공기, 오이 1개, 당근 ½개, 표고버섯 5개, 김밥용 조림 우엉 4줄, 김 4장,
식물성 기름 ½큰술, 간장·소금·참기름·통깨 약간씩

1 오이와 당근은 1cm 굵기로 길게 썬다. 표고버섯은 채 썬다.

2 오이에 소금을 약간 뿌려 살짝 절인 뒤 물기를 닦는다.

3 당근은 마른 팬에 살짝 볶으면서 소금으로 간한다.

4 채 썬 표고버섯은 식물성 기름을 두른 팬에 볶으면서 간장과
소금으로 간한다.

5 김발 위에 김을 올리고 밥을 고루 펼친다. 2, 3, 4와 조림 우
엉을 밥 위에 나란히 올리고 돌돌 만다.

6 참기름을 바르고 먹기 좋게 썬 다음 통깨를 뿌린다. 도시락
에 가지런히 담는다.

샐러드 초밥 도시락

따끈한 현미밥 4공기
무 2cm 1토막
당근 4cm 1토막
오이 $\frac{1}{3}$개
말린 표고버섯 3개
김밥용 김 $\frac{1}{2}$장
부침용 두부 $\frac{1}{4}$모
삶은 완두콩 2큰술
통깨 약간

절임초{현미 식초 $\frac{1}{4}$컵
유기농 황설탕 3큰술
물 $\frac{1}{3}$컵}

배합초{식초 4큰술
소금 1작은술
유기농 황설탕 2큰술}

양념 A{유기농 황설탕 1큰술
간장·청주 1큰술씩}

양념 B{간장 1작은술
강황 분말(생략 가능) 약간
참기름 약간}

1 무, 당근, 오이는 사방 1cm 크기로 깍둑썰기 한다. 말린 표고버섯은 자작하게 물을 부어 불리고 김은 채 썬다.

2 무와 당근, 오이는 절임초에 재워놓는다. 불린 표고버섯은 불린 물 1컵과 양념 A를 넣어 조린다.

3 두부는 손으로 잘게 부수어 마른 팬에서 볶다가 양념 B를 넣어 섞는다. 뻑뻑하면 참기름을 조금 더 넣는다.

4 배합초는 한소끔 끓여 따끈한 현미밥에 고루 붓고 살살 섞어 초밥을 만든다.

5 초밥에 물기를 뺀 2와 삶은 완두콩을 섞은 뒤 도시락에 담는다.

6 5에 두부와 채 썬 김, 통깨를 차례대로 뿌린다.

Tip 두부에 노란 물을 들이기 위해 강황 분말을 사용했지만 생략해도 좋습니다.

비트 피클 샌드위치

식빵 4장, 비트 1개, 양파 1개, 청상추(또는 양상추) 8~10장, 올리브유 적당량, 식물성 기름·커민 시드 분말(생략 가능)·소금·후춧가루 약간씩, 두부 마요네즈 (251쪽 참조) 2~3큰술

절임초{발사믹 식초 3큰술, 올리고당 1½큰술, 소금·후춧가루 약간씩}

1 비트는 껍질째 깨끗이 씻어 물기를 닦고 올리브유를 전체적으로 바른다. 양파는 1cm 너비로 길쭉하게 썰고, 청상추는 먹기 좋게 뜯는다.

2 손질한 비트를 알루미늄 포일에 싸서 200℃로 예열한 오븐에 20~25분간 굽는다. 꼬챙이로 찔러보아 푹 들어가면 잘 익은 것이다.

3 구운 비트의 껍질을 벗기고 1cm 두께로 썬 뒤 뜨거울 때 절임초에 넣어 1시간 이상 절인다.

4 팬에 식물성 기름을 두르고 양파를 볶는다. 커민 시드 분말, 소금, 후춧가루를 약간씩 뿌린다.

5 식빵에 두부 마요네즈를 얇게 펴 바른다. 그 위에 청상추 2장, 물기 뺀 비트, 볶은 양파를 순서대로 올리고 다시 청상추 2장과 식빵 1장을 올려 먹기 좋게 썬다.

채식 햄버그 스테이크 도시락

부침용 두부 1모
소금·후춧가루 약간씩
식물성 기름 약간

A{말린 표고버섯 4개
오트밀 4큰술
양파 1개
당근 $\frac{1}{3}$개
유부 4장
캐슈너트 30g}

B{빵가루·밀가루 2큰술씩
레드 와인 2큰술
너트메그 분말 약간
건조 바질·다진 마늘 1작은술}

소스{다진 양파 $\frac{1}{2}$개 분량
레드 와인 150ml
미소 된장 2큰술
토마토케첩 2큰술
간장 1큰술
메이플 시럽(생략 가능) 약간
식물성 기름 약간}

1 두부는 면포에 싸 꼭 비틀어 물기를 짜면서 곱게 으깬다.

2 A 재료의 말린 표고버섯은 불려서 다진다. 오트밀은 끓인 물 2큰술을 끼얹어 잠시 불린 다음 커터에 곱게 간다.

3 A와 B의 재료를 각각 잘 섞어둔다.

4 A와 B, 두부를 모두 함께 섞어 소금과 후춧가루로 간을 해 고루 치댄 다음, 손바닥 크기로 동글납작하게 빚는다.

5 소스를 만든다. 팬에 식물성 기름을 약간 두르고 다진 양파를 볶다가 레드 와인을 붓고 양이 반으로 줄어들 때까지 조린다. 여기에 미소 된장과 토마토케첩, 간장을 넣어 한소끔 더 끓인 뒤 취향에 따라 메이플 시럽을 넣고 불에서 내린다.

6 4를 식물성 기름을 두른 팬에서 뚜껑을 덮어 앞뒤로 노릇노릇하게 지지거나 180℃로 예열한 오븐에서 노릇하게 굽는다. 마지막으로 5를 끼얹는다.

병아리콩 패티 크로켓 도시락

병아리콩 패티(161쪽 참조) 2컵, 밀가루 50g, 물 $\frac{1}{4}$컵, 빵가루 적당량, 채식 햄버
그 스테이크의 소스(261쪽 참조)·튀김 기름 적당량씩

1 병아리콩 패티를 손바닥 크기로 동글납작하게 빚는다.

2 밀가루와 물을 섞어둔다.

3 1의 패티를 2에 적신 다음 빵가루를 고루 묻힌다.

4 180℃의 튀김 기름에 노릇하게 튀겨 소스를 곁들여 낸다.

Tip 냉동 보관해둔 병아리콩 패티는 미리 실온에 꺼내 해동해 사용합니다. 해동
후 수분이 많이 생기면 밀가루를 한두 스푼 섞으세요.

통밀 파스타 과자

**통밀 쇼트 파스타 70g, 말린 표고버섯 가루·다시마 가루 약간씩, 물 1컵,
올리브유 2큰술, 식물성 기름 1작은술, 소금·후춧가루 약간씩**

1 팬에 식물성 기름을 두르고 통밀 쇼트 파스타와 소금, 후
춧가루, 말린 표고버섯 가루와 다시마 가루를 넣어 중간
불에서 2분 정도 볶는다.

2 기름이 돌면 물을 넣고 약한 불에서 바특하게 조린다.

3 올리브유를 넣고 센 불에 30초 정도 볶는다.

Tip 통밀 파스타 대신 유기농 파스타나 마카로니, 푸실리 같은 일반 파스타
로 만들어도 좋아요. 그때는 물의 양을 조금 줄이세요.

호두 캐러멜라이즈 과자

호두 50g, 메이플 시럽 2큰술, 칠리 파우더(생략 가능) 1작은술, 식물성 기름 1작은술, 소금 약간

1 껍질 벗긴 호두를 마른 팬에 중간 불로 2~3분 볶는다.

2 1에 소금과 식물성 기름을 넣어 볶다가 메이플 시럽을 넣어 2분 정도 팬을 흔들어가며 조린다.

3 메이플 시럽이 찐득해지면 불에서 내려 접시 위에 펼쳐 놓고 식힌다. 1개씩 떼어내 칠리 파우더를 뿌린다.

오이 키위 셔벗

오이 1개, 키위 3개, 꿀 3큰술, 소금 약간

1 오이와 키위, 꿀, 소금을 함께 믹서에 넣고 곱게 간다.

2 1을 냉동실에서 1시간 정도 얼린 다음 꺼내어 믹서에 다
시 곱게 갈아 얼린다. 한 번 더 꺼내어 곱게 갈아 얼린다.

3 2의 셔벗을 숟가락이나 포크로 긁어 그릇에 담는다.

Tip 오이의 향을 좋아하지 않는다면 오이의 양을 줄이고, 줄인 만큼 키위의
양을 늘리세요.

토마토 그라니타

토마토 1개, 아가베 시럽 1큰술, 브랜디(생략 가능) $\frac{1}{2}$작은술, 말린 토마토 (생략 가능) 약간

1 토마토는 씻어서 꼭지를 떼고 냉동실에서 얼린다.

2 얼린 토마토에 끓는 물을 끼얹어 껍질을 벗기고 숭덩숭 덩 썬다.

3 믹서에 2와 아가베 시럽, 브랜디를 넣고 토마토 덩어리 가 약간 남을 정도로 간다.

4 투명한 컵에 3을 담고 말린 토마토를 올려 낸다.

저는 요리보다 제과 제빵을 먼저 공부했습니다. 대학 졸업 후 유학을 가서 도쿄 제과학교를 다녔습니다. 유학 전까지 고향 목포에서 먹어본 케이크라고는 고작 생일날이나 크리스마스 때 먹는 버터크림 케이크나 쿠키가 전부였습니다. 어릴 때 그 촌스럽고 달디단 케이크가 너무 좋아서 직접 만들고 싶어졌습니다. 그 후 일본에 가서 헤아릴 수 없는 종류의 케이크와 과자를 처음 만났을 때의 충격은 지금도 생생합니다.

매일 하루 종일 선생님이 만드시는 것을 보고 또 만들어보고 하기를 2년, 학교에서 배우는 것으로도 부족해 토요일마다 슈거 크래프트를 배우러 다니기도 했지요. 그런 노력이 결실을 맺어 동일본 과자 전시회에서 특별상을 받기도 했습니다. 지금 생각하면 그것을 어떻게 했나 싶습니다.

일본 유학 생활에서 얻은 것도 많았지만 그 사이 제 몸은 적색경보를 울리고 있었습니다. 그것을 계기로 마크로비오틱 건강식을 공부하게 되었고, 그와 함께 동물성 식품을 전혀 사용하지 않고 만드는 채식 베이킹도 알게 되었습니다. 밀가루, 버터, 달걀, 백설탕이 들어가야 맛있는 케이크를 만들 수 있다는 제과 제빵의 상식을 뒤엎고 통밀가루, 식물성 기름, 두유, 원당으로도 얼마든지 맛있는 케이크와 과자를 만들 수 있다는 것을 깨달았습니다. 하지만 크림과 버터를 쓰지 않는 채식 베이킹은 종류의 다양함에 한계가 있었습니다. 그 한계를 넘고자 생각한 것이 다양한 채소를 활용하는 것이었습니다. 일반적으로 베이킹에 과일은 많이 사용하지만 양파나 부추, 깻잎, 양배추 같은 채소를 사

베이킹은 즐거워

용하는 경우는 찾아보기 힘들지요.

올바른 식생활이 자리 잡고 건강을 되찾은 뒤로 베이킹은 만드는 과정을 즐기는 일종의 취미가 되었습니다. 제과학교 시절에도 그랬듯이 저는 케이크와 과자를 만드는 일이 너무 좋습니다. 재료를 계량하고, 계량되어 보기 좋게 준비된 것들을 섞고, 철판에 올리고, 오븐에 굽는 그 과정 하나하나가 너무나 즐겁습니다. 솔직히 말하면 요리하는 것보다 더 즐거울 정도랍니다. 제대로 된 레시피대로만 하면 깔끔하게 딱 떨어지는 케이크와 과자가 만들어지고, 음식 쓰레기도 웬만해서는 나오지 않고, 게다가 선물하기도 좋습니다.

지금도 한가해지면 과자를 굽고 싶은 충동이 생깁니다. 그럴 때면 한두 가지로 그치지 않고 오븐의 열이 아깝다는 핑계로 계속 만들어댑니다. 다 만들고 나면 피곤해서 "아, 그냥 쉴 걸" 하고 후회도 하지만 기분은 뿌듯합니다. 이 글을 읽는 독자 여러분도 혹시 저희 스튜디오에 방문할 경우 운 좋게 제가 잔뜩 무언가를 굽고 있으면 그냥 나누어 드립니다. 놀러 오세요.

천천히.

조금씩.

건강하게.